Mono- und bimetallische Edelmetall-Nanopartikel als Katalysatorvorläufer für die Anwendung in der Ethylenoxidation sowie in Brennstoffzellen

Der Fakultät für Mathematik, Informatik und Naturwissenschaften
- Fachbereich I -
der Rheinisch-Westfälischen Technischen Hochschule Aachen
zur Erlangung des akademischen Grades eines
Doktors der Naturwissenschaften genehmigte Dissertation

vorgelegt von Diplom-Chemiker
Uwe Endruschat
aus Frankfurt am Main

1999

Berichter: Professor Dr. H. Bönnemann

                           Universitätsprofessor Dr. W. Keim

Tag der mündlichen Prüfung: 13. Dezember1999

„D 82 (Diss. RWTH Aachen)"

Die Deutsche Bibliothek – CIP-Einheitsaufnahme

Endruschat, Uwe
Mono- und bimetallische Edelmetall-Nanopartikel als Katalysatorvorläufer für die Anwendung in der Ethylenoxidation sowie in Brennstoffzellen / Uwe Endruschat
Zugl.: Aachen, TU, Diss., 1999
ISBN 3-00-006617-9

Libri Books on Demand

www.bod.de

Georg Lingenbrink GmbH & Co.

Stresemannstraße 300

D-22761 Hamburg

ISBN 3-00-006617-9

Die vorliegende Arbeit entstand auf Anregung und unter Leitung von
Herrn Prof. Dr. rer. nat. H. Bönnemann am Max-Planck-Institut für
Kohlenforschung in Mülheim an der Ruhr.

Mein aufrichtiger Dank gilt Herrn Prof. Dr. Helmut Bönnemann für die Vergabe des Themas,
die Einführung in das Arbeitsgebiet, zahlreiche wissenschaftliche Diskussionen und manches
private Gespräch.

Der Max-Planck-Gesellschaft zur Förderung der Wissenschaften danke ich für das mir
gewährte einjährige Promotionsstipendium.

Herrn Prof. Dr. E. Dinjus (Forschungszentrum Karlsruhe) danke ich für die großzügige
finanzielle Unterstützung dieser Arbeit sowie die technische Hilfe bei der Extraktion mit
überkritischem CO_2 und seine stete Diskussionsbereitschaft.

Herrn Prof. Dr. rer. nat. W. Keim (RWTH Aachen) danke ich für die freundliche Übernahme des
Korreferats.

Dem Direktor des Max-Planck-Instituts für Kohlenforschung,
Herrn Prof. Dr. M. T. Reetz, danke ich für die Aufnahme an das Institut.

Herrn Prof. Dr. V. Pârvulescu (Universität Bukarest) danke ich für interessante und hilfreiche
Diskussionen, sowie für die Zusammenarbeit während seiner Zeit am MPI in Mülheim.

Herrn Dr. W. Brijoux (MPI Mülheim) danke ich für die gute Zusammenarbeit, zahlreiche
wissenschaftliche Diskussionen sowie viele amüsante Anekdoten.

Drs. J. Grub, A. Reimer, D. König und S. Schulze (EC-Chemie, Dormagen) danke ich für
Katalysatortests sowie für großzügige finanzielle und materielle Unterstützung.

Herrn Prof. Dr. J. Behm (Universität Ulm) und seinen Mitarbeitern, Frau Dipl.-Chem. U. Paulus
sowie den Herren Dipl.-Chem. Th. Schmidt und Dipl.-Chem. M. Hüttner, danke ich für XPS-,
und AFM-Analysen sowie elektrochemische Messungen und Gasphasenkatalysen zur
Charakterisierung von Metallkolloiden.

Herrn Dr. H. Gasteiger (jetzt Adam Opel AG) danke ich für viele Hinweise und Ratschläge während seiner Zeit an der Universität Ulm in der AG Behm.

Herrn Prof. Dr. J. Hormes (Universität Bonn) und Frau Dipl.-Phys. G. Köhl danke ich für zahlreiche XANES- und EXAFS-Messungen an den Kolloiden.

Den Herren Dr. F. Gassner, Dr. Jay, Dipl.-Ing. J. Schön und Dr. O. Walter (Forschungszentrum Karlsruhe) danke ich für NMR- und GC-Messungen sowie eine Kristallstrukturbestimmung und viele Destraktionsversuche.

Den Herren W. Habicht und Dr. N. Boukis (Forschungszentrum Karlsruhe) danke ich für REM- und TEM-Aufnahmen sowie EDX-Bestimmungen von Katalysatorproben.

Herrn Prof. J. Garche und seinen Mitarbeitern Herrn Dr. L. Jörissen und Herrn Dipl.-Chem. J. Scherer (ZSW Ulm) danke ich für die Durchführung von elektrochemischen Vollzellenmessungen. Frau Dipl.-Chem. K. Lasch danke ich für XRD-Messungen.

Den Herren Dr. B. Tesche, Dipl.-Ing. B. Spliethoff und A. Dreier (Elektronenmikroskopie-Abteilung des MPI, Mülheim) danke ich für TEM-Untersuchungen an Kolloiden und Katalysatoren.

Herrn Dr. Mynott und seinen Mitarbeitern danke ich für in situ NMR-Messungen und deren Interpretation.

Den Herren Prof. Dr. F. E. Wagner und Dr. V. Filoti danke ich für Mößbauerbestimmungen von Katalysatoren.

Herrn Dipl.-Chem. R. Mörtel danke ich für geduldiges Korrekturlesen.

Meinen Eltern danke ich für die mir gewährte Unterstützung während meines Studiums und der Promotion.

Mein besonderer Dank gilt schließlich der gesamten Arbeitsgruppe Bönnemann.

I	**Allgemeiner Teil**	**1**
1	Einleitung und Aufgabenstellung	1
1.1	Literatur zu 1	4
2	Destraktion freier und geträgerter Metallkolloide mit überkritischen Fluiden	7
2.1	Historisches und Stand der Technik	7
2.2	Die Destraktionsanlage im Forschungszentrum Karlsruhe	9
2.3	Darstellung der Kolloidkatalysatoren	10
2.4	Destraktionsergebnisse	11
2.4.1	Bestimmung der Destraktionsbedingungen	11
2.4.2	Destraktion nicht geträgerter Metallkolloide	11
2.4.3	Destraktion und Untersuchung der destrahierten Kolloidkatalysatoren	11
2.5	Standardhydriertests der gereinigten und nicht gereinigten Platin-Kolloidkatalysatoren	16
2.6	Synopse zu 2	19
2.7	Literatur zu 2	20
3	Trägerkatalysatoren auf Silberkolloidbasis für die Ethylenoxidation	21
3.1	Zur industriellen Ethylenoxidation	21
3.2	Konventionelle Katalysator-Herstellung durch Tränkverfahren	23
3.2.1	Vergleichende TEM-Analysen	23
3.3	Katalysatoren auf Silberkolloidbasis	24
3.3.1	Kolloidsynthese	24
3.3.2	Trägerung der Kolloide	26
3.4	Katalysetests und Destraktion der Silberkolloidkatalysatoren	29
3.4.1	Nicht destrahierte Silberkolloidkatalysatoren	29
3.4.2	Destraktionsergebnisse	30
3.4.3	Destrahierte Silberkolloidkatalysatoren	31
3.5	Synopse zu 3	33
3.6	Literatur zu 3	33

4	Zur aluminiumorganischen Kolloidsynthese	35
4.1	Bekanntes	35
4.2	Synthese und Charakterisierung aluminiumorganisch stabilisierter Pt-Kolloide	37
4.2.1	Synthese	37
4.2.2	Modifikation	38
4.2.3	Infrarot-Spektroskopie (IR)	39
4.2.4	TEM-Untersuchungen	42
4.2.5	Ex situ XANES/EXAFS-Untersuchungen	45
4.2.6	Destraktionsversuche	48
4.3	Verlauf der aluminiumorganischen Umsetzung	49
4.3.1	In situ NMR-Untersuchungen	49
4.3.2	In situ XANES-Untersuchungen	52
4.4	Synopse zu 4	54
4.5	Literatur zu 4	55
5	CO-tolerante Brennstoffzellen-Katalysatoren auf Basis von Pt/Ru-Kolloiden	57
5.1	Allgemeines	57
5.1.1	Brennstoffzellen für mobile Anwendungen	57
5.1.2	IMFC (Indirect Methanol Fuel Cell)	58
5.1.3	DMFC (Direct Methanol Fuel Cell)	59
5.1.4	Zielsetzung	61
5.2	Synthese und Charakterisierung aluminiumorganisch stabilisierter Pt/Ru-Kolloide	62
5.2.1	Synthese	62
5.2.2	Modifikation	62
5.2.3	TEM/EDX-Untersuchungen	63
5.2.4	EXAFS- und XANES-Untersuchungen	65
5.2.5	Röntgen-Photoelektronen-Spektroskopie (XPS)	68
5.3	Trägerung und Katalyse	70
5.3.1	Trägerfixierung der aluminiumorganisch stabilisierten Pt/Ru-Kolloide	70
5.3.2	Tetraoctylammonium-stabilisiertes Pt/Ru-Kolloid	75
5.3.3	CO-Stripping	75
5.3.4	Kontinuierliche Oxidation von CO-Wasserstoff-Gasmischungen	79

5.3.5	Vollzellenmessung des $Pt_{50}Ru_{50}$-Kat. 6	83
5.3.6	Direkte Oxidation von Methanol	84
5.4	Synopse zu 5	86
5.5	Literatur zu 5	88
6	Palladium-Gold-Partikel für Chemie- und Brennstoffzellen-katalysatoren	91
6.1	Bekanntes zu PdAu-Trägerkatalysatoren	91
6.2	Synthese und Charakterisierung	92
6.2.1	Synthese der Kolloide	92
6.2.2	Reinigung der Kolloide	93
6.2.3	TEM- und EDX-Messungen	94
6.2.4	Mößbauerspektroskopie des $Pd_{50}Au_{50}$-Kolloids 13	100
6.3	Trägerfixierung der Kolloide und Charakterisierung der Katalysatoren	101
6.3.1	Trägerung	101
6.3.2	XPS-Messungen	102
6.3.3	TEM-Untersuchung der Katalysatoren	107
6.3.4	AFM-Untersuchung	109
6.3.5	XRD-Untersuchung	111
6.4	Katalyse	112
6.4.1	Aktivitätsmessungen in der Totaloxidation von Ethylen an kolloidalen PdAu-Trägerkatalysatoren	112
6.4.2	Elektrochemische Messungen an den 20Gew.% PdAu/Vulcan-Katalysatoren; kontinuierliche Oxidation von CO/H_2-Mischungen	116
6.4.2.1	Wasserstoffoxidation	116
6.4.2.2	Oxidation von CO/H_2-Gasmischungen	117
6.5	Synopse zu 6	122
6.6	Literatur zu 6	123
II	**Zusammenfassung**	**125**

III	**Experimenteller Teil**	**131**
1	Allgemeine Hinweise	131
2	Chemikalien	131
2.1	Gase	131
2.2	Flüssigkeiten	131
2.2.1	Lösungsmittel	131
2.2.2	Reagenzien	131
2.3	Feststoffe	132
3	Analytik	132
3.1	Elementaranalysen	132
3.2	Kernresonanzspektroskopie	132
3.3	IR-Spektroskopie	133
3.4	UV/VIS-Spektroskopie	133
3.5	Gaschromatographie	133
3.6	Massenspektroskopie	133
3.7	Röntgendiffraktometrie (XRD)	133
3.8	Transmissionselektronenmikroskopie (TEM)	133
3.9	Röntgen-Photoelektronenspektroskopie (XPS)	133
3.10	Röntgenabsorptionsspektroskopie (EXAFS/XANES)	134
3.11	Chemisorptionsmessungen	134
3.12	Physisorptionsmessungen	134
4	Darstellung von Reduktionsmitteln und Ausgangsprodukten	134
4.1	Darstellung von Alkalitriethylhydroboraten	134
4.2	Darstellung von Tetraalkylammoniumtriethylborat	134
4.3	Darstellung von Silberoxyd	135
4.4	Darstellung von Silberneodekanoat	135
4.5	Darstellung von Dimethylaluminiumacetylacetonat	135
5	Darstellung der Kolloide	135
5.1	Platinkolloide	135
5.2	Silberkolloide	136
5.3	Bimetallische Pt/Ru-Kolloide	137

5.4	Palladiumkolloid	138
5.5	Bimetallische Pd/Au-Kolloide	139
6	Trägerfixierung der Edelmetallkolloide	141
6.1	Trägerfixierung von Hydrosolen (allgemeine Belegungsvorschrift 1)	141
6.2	Trägerfixierung von Organosolen (allgemeine Belegungsvorschrift 2)	141
7	CO-Chemisorption an Kolloidkatalysatoren	144
7.1	Probenvorbereitung	144
7.2	Chemisorptionsmessung	144
8	Katalyseversuche	145
8.1	Anfangsaktivität der Crotonsäurehydrierung	145
8.2	Selektivoxidation von Ethylen	145
8.3	Elektrokatalytische Aktivitätsmessungen für die kontinuierliche Oxidation von reinem CO und CO in H_2-reichen Gasen für das CO-stripping und die Wasserstoffoxidation	146
8.4	Elektrokatalytische Aktivitätsmessungen für die direkte Oxidation von 0,5M und 2,0M Methanollösungen	147
8.5	Totaloxidation von Ethylen	147
IV	**Anhang**	**149**
1	Abkürzungen	149
2	Übersicht Edelmetallkolloide	150
3	Übersicht Kolloidkatalysatoren	151

Für Melanie und meine Eltern!

I Allgemeiner Teil

1 Einleitung und Aufgabenstellung

Nanoteilchen (von griech. nanos = Zwerg) sind durch einen Partikeldurchmesser von 1-10nm definiert und stellen eine eigene Klasse von Materialien dar. Nanopartikel, z. B. kolloidales Gold wurden – freilich ohne Kenntnis ihrer Struktur - schon in der Antike zum Färben von Gläsern und Keramiken verwendet [1]. Obwohl Faraday [2] und Ostwald [3] die Bedeutung von Nanopartikeln zu Beginn dieses Jahrhunderts erkannten, stehen erst seit ca. 20 Jahren technische Ausrüstungen für ihre umfassende wissenschaftliche Untersuchung zur Verfügung. In der Chemie werden Nanopartikel unter verschiedenen Aspekten intensiv erforscht [4-7]. Im Vordergrund stehen dabei Synthese und Katalyse polymer-, tensid- und ligandstabilisierter Metallnanopartikel [8-20]. Gegenstand aktueller Arbeiten sind ferner die Spektroskopie von Nanoteilchen in der Gasphase [21], Untersuchungen von Metallen mit kristallinen Bereichen von wenigen Nanometern Durchmesser [22] sowie die Photochemie von Halbleitern auf Basis von Kolloiden [23].

Die Eigenschaften von Nanoteilchen unterscheiden sich von denen der Bulkmaterialien ebenso wie andererseits von denen der Atome. Die Darstellung solcher Teilchen erfolgt nach physikalischen oder chemischen Prinzipien (Schema 1.1).

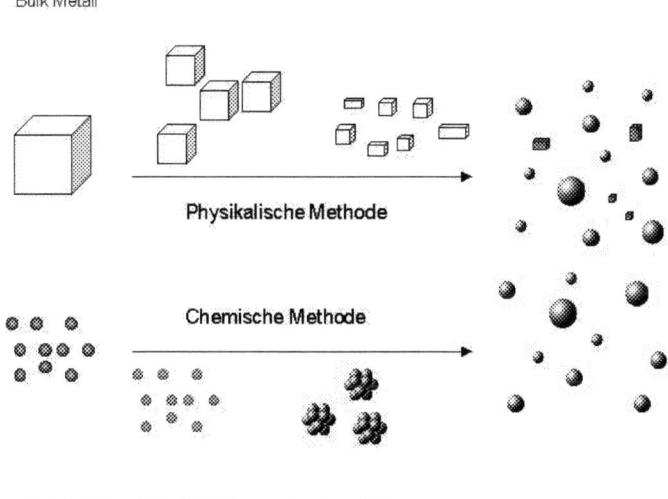

Schema 1.1: Chemische und physikalische Darstellung von Nanopartikeln

Zu den physikalischen Methoden gehören die Metallverdampfung, die elektrochemische Reduktion [24-28], die Photo- und die Radiolyse [29,30] und die sono-chemische Reduktion [31]. Dabei kommt den beiden erstgenannten Methoden die größte Bedeutung zu. Die praktisch wichtigste chemische Methode ist die Reduktion von Metallsalzen in Gegenwart eines Stabilisators (Ligand, Polymer, Tensid). Dazu steht eine Vielzahl von Reduktionsmitteln zur Verfügung. So sind Alkohole [32], Phosphor [7], Citrat [33], Aldehyde [34], Hydrazin [35], Wasserstoff [36], Hydroxylamin [31,37], Kohlenmonoxid [38], komplexe Borhydride [16-18], Silane [39], solvatisierte Elektronen [40] und metallorganische Reagenzien [41,42] zur Reduktion geeignet.

Während der Synthese verhindert ein Stabilisator das Anwachsen oder Agglomerieren der gebildeten Metallteilchen. Ohne den Einfluß eines Stabilisators würden die Metallpartikel zur Minimierung der Oberflächenenergie durch Agglomeration tendieren.

Zwei verschiedene Arten der Stabilisierung werden diskutiert. Bei der elektrostatischen Stabilisierung befindet sich an der Partikeloberfläche eine Doppelschicht aus Kationen und Anionen. Diese verhindert aufgrund elektrostatischer Kräfte die vollständige Annäherung, die zum Zusammenwachsen der Partikel führt. Die sterische Stabilisierung dagegen unterdrückt die Annäherung zweier Partikel z. B. durch lange Alkylketten von Polymeren oder Tensiden an der Partikeloberfläche (Abb. 1.1). Für die Stabilität der Metallpartikel sind zwei Effekte verantwortlich. Beim Annähern der Partikel durchdringen sich ihre Schutzhüllen partiell. Dadurch verarmt der Bereich der Überlappung an Lösemittel. Infolge des entstandenen Konzentrationsgefälles wirkt eine osmotische Kraft, die zu einer Trennung durch heranströmendes Lösemittel sorgt. Weiterhin führt das Überlappen der Schutzhüllen zur Abnahme der Entropie. Damit wird ein weiteres Durchdringen energetisch ungünstig.

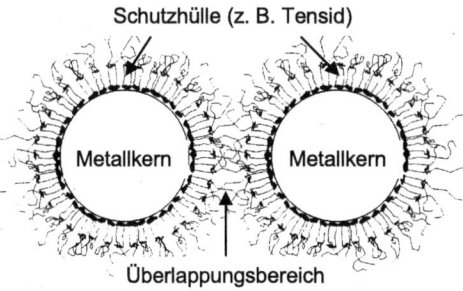

Schutzhülle (z. B. Tensid)

Metallkern   Metallkern

Überlappungsbereich

Abb. 1.1:   Beispiel für die sterische Stabilisierung

Sterisch stabilisierte Kolloidteilchen können leicht an handelsübliche Trägersysteme adsorbiert werden. Für Anwendungen in der Katalyse eignen sich Metallkolloide nach adsorptiver Fixierung unter zweierlei Gesichtspunkten: Erstens besitzen Nanometall-Kolloidkatalysatoren eine hohe, aktive Oberfläche. Aufgrund der Kontrolle der Partikelgröße durch die Synthese werden Dispersionen bis zu 60% erreicht. Dies bedeutet, daß 60% der Atome des Partikels sich an der Oberfläche befinden und damit an der Katalyse mitwirken können. Zweitens haftet ein Teil der Schutzhülle auch nach der Trägerung an den Metallkolloidpartikeln und kann damit die Katalyse lenken [43].

Ein großer Einfluß der Schutzhülle auf Aktivität und Langzeitstabilität von Metallkolloidkatalysatoren wurde bei der Verwendung von Tetraoctylammoniumsalzen (Tensid-Schutzhülle) als „Steuerligand" beobachtet [44]. In der selektiven Oxidation von D(+)-Glucose zu D-Gluconsäure in wäßriger, alkalischer Lösung konnte eine wesentlich gesteigerte Aktivität und Langzeitstabilität nachgewiesen werden. Mit chiralen Stabilisatoren umhüllte Platinkolloidkatalysatoren ermöglichen die enantioselektive Hydrierung von Ethylpyruvat [20]. Die chirale Schutzhülle induziert optische Ausbeuten von 70-80%ee. Diese positiven Effekte der Schutzhülle lassen sich jedoch bislang nur bei Reaktionen in flüssiger Phase einsetzen.

Bei oberflächenkatalysierten Prozessen bewirken schon kleinste Verunreinigungen eine deutliche Aktivitätsminderung oder sogar eine Totalvergiftung des Katalysators. Bei Gasphasenoxidationen oder elektrochemischen Anwendungen (Brennstoffzelle) stört hingegen die Gegenwart der Schutzhülle, vor allem weil sie noch Anionen (z. B. Chlorid) aus der Synthese enthält [45].

Deshalb wird bei diesen Anwendungen große Sorgfalt auf vollständige Entfernung der Schutzhülle nach der Trägerung gelegt. Hierzu stehen drei verschiedene Verfahren zur Verfügung:

1) Abbrennen der Schutzhülle unter Sauerstoffatmosphäre:
Nachteil: aufgrund der hohen Temperaturen (250-350°C) kann dies zur Partikelagglomeration auf dem Trägermaterial führen.

2) Solvens-Extraktion:
Nachteil: Gefahr einer unvollständigen Entfernung der Schutzhülle und des Auswaschens der Aktivkomponente.

3) Destraktion mit überkritischen Fluiden:
Hier sollte die quantitative Entfernung der Schutzhülle unter milden Bedingungen einen schutzhüllenfreien Kolloidkatalysator unter Erhalt der Partikelgröße generieren.

Im Rahmen meiner Dissertation wurde in Zusammenarbeit mit der Arbeitsgruppe von Prof. E. Dinjus am Forschungszentrum Karlsruhe die Destraktion der Schutzhülle tensidstabilisierter Kolloidpartikel untersucht. Die Aktivität von destrahierten Silberkolloidkatalysatoren in der Ethylenoxidation wurde in einer industriellen Testapparatur ermittelt (siehe Kapitel zwei und drei).

In Kapitel vier wird eine metallorganische Synthese von Platinkolloiden vorgestellt. In situ NMR- und XRD-Untersuchungen geben einen Einblick in den Verlauf dieser Reaktion. Das Verhalten der Kolloide in der Destraktion mit überkritischen Fluiden wird ebenfalls diskutiert.

Über die Anwendung aluminiumorganisch stabilisierter Platin-Ruthenium-Kolloide als Brennstoffzellen-Katalysatoren wird in Kapitel fünf berichtet.

Kapitel sechs schildert die Synthese neuer bimetallischer PdAu-Kolloide, die nach der Fixierung an handelsübliche Träger für die Totaloxidation von Ethylen sowie zur Herstellung platinfreier Brennstoffzellen-Katalysatoren eingesetzt werden.

1.1 Literatur zu 1

[1] J.S. Bradley, Clusters and Colloids, Editor G. Schmid, VCH, Weinheim, 459 (1994)

[2] M. Faraday, Phil. Trans. Roy. Soc. **147**, 145 (1857)

[3] W. Ostwald, Die Welt der vernachlässigten Dimensionen, Steinkopf, Dresden (1915)

[4] H. Hirai, N. Toshima, Tailored Metal Catalysts, ed. Y. Iwasawa, D. Reidel, Dordrecht, 87 (1986)

[5]   G. Schmid, Polyhedron **7**, 2321 (1988)

[6]   L.N. Lewis, Chem. Rev. **93**, 2693 (1993)

[7]   N. Toshima, Macromol. Symp. **105**, 111 (1996)

[8]   G. Schmid, R. Pfeil, R. Boese, F. Bandermann, S. Meyer, G.H.M. Calis, J.W.A. van der Welden, Chem. Ber. **114**, 3634 (1981)

[9]   G. Schmid, B. Morun, J.-O. Malm, Angew. Chem., Int. Ed. Engl. **28**, 778 (1989)

[10]   H. Bönnemann, W. Brijoux, R. Brinkmann, E. Dinjus, T. Joußen, B. Korall, Angew. Chem., Int. Ed. Engl. **30**, 1312 (1991)

[11]   J.S. Bradley, J.M. Millar, M. Hill, E.W. Hill, J. Am. Chem. Soc. **113**, 4016 (1991)

[12]   K. Torigoe, K. Esumi, Langmuir **8**, 59 (1992)

[13]   I.I. Moiseev, M.N. Vargaftik, N.S. Kurnakov, K.I. Zamaraev, D.I. Kochubey, Mater. Res. Soc. Symp. Proc. **272**, 139 (1992)

[14]   J.S. Bradley, E.W. Hill, S. Behal, C. Klein, B. Chaudret, A. Duteil, Chem Mater. **4**, 1234 (1992)

[15]   H. Bönnemann, W. Brijoux, R. Brinkmann, E. Dinjus, R. Fretzen, T. Joußen, B. Korall, Mater. Res. Soc. Symp. Proc. **272**, 671 (1992)

[16]   H. Bönnemann, W. Brijoux, R. Brinkmann, R. Fretzen, T. Joußen, R. Köppler, B. Korall, P. Neiteler, J. Richter, J. Mol. Catal. **86**, 129 (1994)

[17]   J. Rothe, J. Pollmann, R. Franke, J. Hormes, H. Bönnemann, W. Brijoux, K. Siepen, J. Richter, Fresenius' J. Anal. Chem. **355**, 372 (1996)

[18]   T. Yonezawa, M. Sutoh, T. Kunitake, Chem. Lett., 619 (1997)

[19]   H. Bönnemann, G.A. Braun, Chem. Eur. J. **3**, 1200 (1997)

[20]   D. de Caro, J.S. Bradley, Langmuir **13**, 3067 (1997)

[21]   J.-F. You, G.C. Papaefthymiou, R.H. Holm, J. Am. Chem. Soc. **114**, 2697 (1992)

[22]   H. Gleiter, Adv. Mater. **4**, 474 (1992)

[23]   D. Ricard, P. Roussignol, C. Flyzanis, Opt. Lett. **10**, 511 (1985)

[24]   A. Schalnikoff, S. Roginsky, Kolloid Z. **43**, 67 (1927)

[25]   J.R. Blackborow, D. Young, Metal Vapor Synthesis, Springer Verlag, New York (1979)

[26]   K.J. Klabunde, Platinum Met. Rev. **36**, 80 (1992)

[27]   M.T. Reetz, W. Helbig, S.A. Quaiser, Chem. Mater. **7**, 2227 (1995)

[28]   U. Kolb, S.A. Quaiser, M. Winter, M.T. Reetz, Chem Mater. **8**, 1889 (1996)

[29]   A. Henglein, Ber. Bunsen-Ges. Phys. Chem. **81**, 556 (1972)

[30]   M.O. Delcourt, N. Keghouche, J. Belloni, Nuov. J. Chim. **7**, 131 (1983)

[31]   K.S. Suslick, M. Fang, T. Hyeon, J. Am. Chem Soc. **118**, 11960 (1996)

[32]   H. Hirai, Y. Nakao, N. Toshima, J. Macromol. Sci.-Chem. **A12**, 1117 (1978)

[33]   J. Turkevich, P.C. Stevenson, J. Hilier, Disc. Faraday Soc. **11**, 55 (1951)

[34]   K. Meguro, M. Torizuka, K. Esumi, Bull. Chem. Soc. Jpn. **61**, 341 (1988)

[35]   P.R. van Rheenen, M.J. McKelvey, W.S. Glaunsinger, J. Soid State Chem. **67**, 151 (1987)

[36]   K.E. Kavanagh, F.F. Nord, J. Am. Chem. Soc. **65**, 2121 (1943)

[37]   D.G. Duff, A. Baiker, Preparation of Catalysts VI, Elsevier Science B.V., 505 (1995)

[38]   M.R. Mucalo, R.P. Cooney, J. Am. Chem. Commun., 94 (1989)

[39]   L.N. Lewis, N. Lewis, J. Am. Chem. Soc. **108**, 7228 (1986)

[40]   K.-L. Tsai, J.L. Dye, Chem. Mater. **5**, 540 (1993)

[41]   R. Choukroun, D de Caro, S. Matéo, C. Amiens, B. Chaudret, E. Snoeck, M. Respaud, New J. Chem., 1295 (1998)

[42]   A. Duteil, G. Schmid, J. Chem. Soc., Chem. Commun., 31 (1995)

[43]   K. Siepen, Dissertation, RWTH Aachen (1996)

[44]   A. Schulze-Tilling, Dissertation, RWTH Aachen (1996)

[45]   P. Britz, Dissertation, RWTH Aachen (1997)

2 Destraktion freier und geträgerter Metallkolloide mit überkritischen Fluiden

2.1 Historisches und Stand der Technik

Die physikalisch-chemischen Grundlagen der Lösungseffekte mit überkritischen Gasen werden in der Literatur schon lange diskutiert [1-4].

Die Extraktion mit überkritischen Fluiden wurde 1974 von Kurt Zosel am hiesigen Institut als Methode entwickelt [5-7] und wird heute in der Pharma- und Lebensmittelindustrie zur Gewinnung von Naturstoffen in großem Umfang eingesetzt. Große Bedeutung hat vor allem die Destraktion mit überkritischem CO_2 ($scCO_2$), denn die positive lebensmittelrechtliche Beurteilung von CO_2 läßt es für die Destraktion von Lebens- und Genußmitteln optimal erscheinen. Industriell wird die Destraktion mit $scCO_2$ für Kaffee, Tabak, Tee, Kakao, Hopfen, Gewürze und Ölsaaten eingesetzt [8-11].

Werden Flüssigkeiten oder Gase unter hohen Druck gesetzt, sind die Näherungen des idealen Gasgesetzes nicht mehr zulässig. Die Moleküle befinden sich überwiegend oder ständig im Bereich ihrer Wechselwirkungskräfte und üben Anziehungs- und Abstoßungskräfte aufeinander aus. Diese Effekte werden vom idealen Gasgesetz nur noch qualitativ richtig wiedergegeben [10].

Zur Verdeutlichung ist in Abb. 2.1 das p(T)-Phasendiagramm von CO_2 dargestellt. Folgt man der Dampfdruckkurve beginnend vom Tripelpunkt (Tp), bei dem alle Aggregatzustände gleichzeitig vorliegen, wird bei höherem Druck und höherer Temperatur der kritische Punkt (KP bei 31,06°C und 73,83bar [12]) erreicht. Während unterhalb des kritischen Punktes entlang der Dampfdruckkurve die flüssige und gasförmige Phase koexistieren, liegt das CO_2 oberhalb des kritischen Punktes in einer homogenen Phase vor. Dieser Zustand wird als überkritischer oder Fluidbereich bezeichnet.

Temperatur- oder Druckveränderungen oberhalb des kritischen Punkts ändern nichts an der Homogenität der CO_2-Phase. So ist mit steigendem Druck eine beliebige Verdichtung ohne Kondensation möglich.

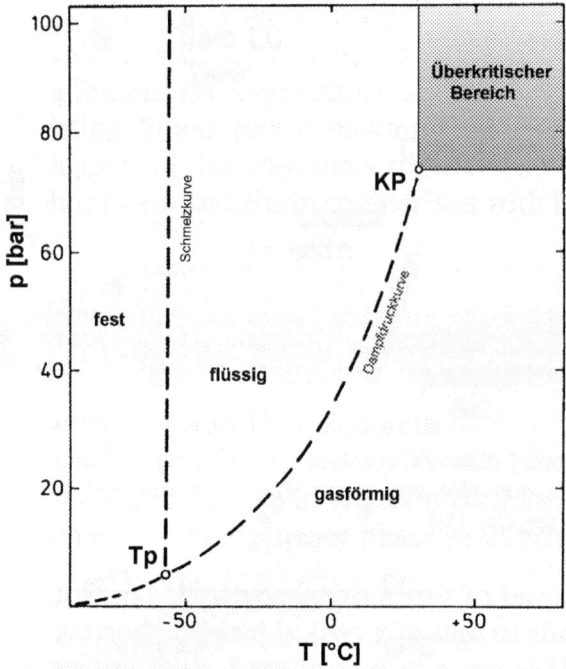

Abb. 2.1: p(T)-Phasendiagramm von CO_2

Mittels geringer Druck- oder Temperaturänderungen lassen sich neben der Dichte des $scCO_2$ auch andere Stoffeigenschaften wie Viskosität und Diffusion variieren. Die Dichte bestimmt dabei hauptsächlich die Lösungseigenschaften.

So ist bei niedriger Dichte das Lösungsvermögen des $scCO_2$ vergleichbar mit dem des unpolaren Pentans. Bei höheren Dichten werden die Lösungseigenschaften von Aceton oder Pyridin erreicht.

Die überkritischen Fluide schließen die Lücke zwischen Gasen und Flüssigkeiten. So besitzen sie z. B. bessere Stofftransporteigenschaften als Flüssigkeiten und sind deshalb zusammen mit dem guten Lösungsvermögen hervorragend als Extraktionsmittel geeignet.

Neben der toxikologischen Unbedenklichkeit, der Nichtbrennbarkeit und der preiswerten Verfügbarkeit sind es vor allem die relativ milden Bedingungen des überkritischen Bereichs, die die Verwendung von $scCO_2$ begünstigen.

Aufgrund der Variabilität der Löseeigenschaften und der milden Bedingungen sollte im Rahmen dieser Arbeit die Destraktion mit überkritischem CO_2 genutzt werden, um die

Schutzhülle von Kolloiden zu entfernen. Vor und nach der Destraktion sollte eine Charakterisierung der Kolloide durchgeführt und mit Kolloiden aus der Flüssigphasenextraktion verglichen werden. Eine weitere Aufgabe bestand in der Testung der destrahierten Kolloide in katalytischen Prozessen.

Im folgenden wird zwischen „Extraktion" und „Destraktion" unterschieden. Dabei wird unter der Bezeichnung Destraktion immer die Extraktion mit überkritischen Fluiden verstanden (in neueren Veröffentlichungen wird häufig der Begriff Hochdruckextraktion verwendet). Im Gegensatz impliziert im folgenden die Verwendung des Begriffes „Extraktion" immer die Flüssigphasenextraktion mit einem Lösemittel.

2.2   Die Destraktionsanlage im Forschungszentrum Karlsruhe

Der Arbeitskreis von Prof. Dinjus im Forschungszentrum Karlsruhe verfügt über eine Technikumsanlage zur Extraktion mit überkritischen Fluiden. Diese eignet sich für die Destraktion größerer Mengen zu reinigenden Materials. Für das zu destrahierende Gut steht ein nutzbares Extraktorvolumen von 4l zur Verfügung. Das Prinzip der Destraktion mit überkritischen Fluiden wird anhand des Fließschemas (Abb. 2.2) deutlich.

Flüssiges CO_2 wird dem Vorratstank (T) entnommen und von einer Hochdruckpumpe (P) komprimiert. Die Pumpe erlaubt einen CO_2-Fluß bis 30kg/h bei einem maximalen Druck von 500bar. Durch das Erwärmen mit Hilfe des Wärmetauschers (W1) wird das CO_2 in den überkritischen Zustand überführt. Die dabei maximal erreichbare Temperatur beträgt 100°C.

Im Extraktor (E) wird das $scCO_2$ mit dem Destraktionsgut vermischt, wobei sich der zu destrahierende Stoff im $scCO_2$ löst. Die Kontaktzeit des Reinigungsgutes mit dem $scCO_2$ kann dabei beliebig variiert werden, es ist auch eine diskontinuierliche Arbeitsweise möglich.

Das mit dem zu destrahierenden Stoff beladene Fluid wird durch Wärmeabfuhr in Wärmetauscher (W2) verflüssigt, anschließend im Separator (S) über einen einstufigen Schritt entspannt, wobei sich das Fluid in eine flüssige und eine gasförmige Phase aufspaltet. Der zu extrahierende Stoff bleibt dabei in der flüssigen Phase gelöst, das gasförmige CO_2 wird wieder in den Kreislauf eingespeist.

Am Ende des Waschvorgangs werden der Extraktor und der Separator druckentlastet, so daß das Destraktionsgut entnommen und der extrahierte Stoff aus dem Separator gewonnen werden kann.

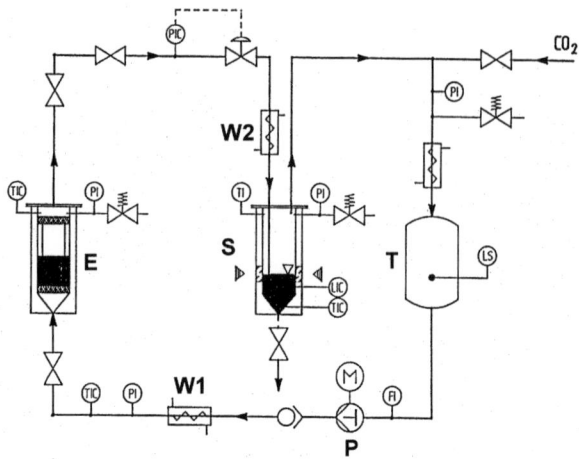

Abb. 2.2:   Schematische Darstellung der Versuchsanlage

Für die Destraktion der Platinkatalysatoren ist diese Technikumsanlage allerdings zu groß. Für kleinere Katalysatormengen steht eine Laboranlage zur Verfügung. Diese besteht aus einem Ofen der Firma ISCO und den entsprechenden Extraktoren (5-20ml Volumen). Die CO_2-Förderung erfolgt mit einer ISCO-Spritzenpumpe. Über ein T-Stück am Fluideintritt der Extraktoren besteht die Möglichkeit, ein weiteres Lösemittel mittels einer HPLC-Pumpe kontinuierlich einzuspeisen. Zur Direktabscheidung des Destrakts wird ein taktendes Ventil der Firma JASCO als Entspannungseinheit eingesetzt. Damit ist die Destraktion einer zuvor eingeschleusten Probe unter verschiedenen Verfahrensbedingungen möglich (kontinuierliches, diskontinuierliches Destrahieren).

2.3   Darstellung der Kolloidkatalysatoren

Die Herstellung der Platinkolloid-Katalysatoren für die Destraktionsversuche erfolgt nach [13], indem das Tetraoctylammoniumchlorid-stabilisierte Kolloid an einen Aktivkohleträger der Firma Degussa (Träger 101, Charge 514) adsorbiert wird. Zwei verschiedene Belegungen der Aktivkohle mit Kolloid wurden gewählt: 5% und 6,25% Platin, berechnet aus dem Verhältnis Platin / (Platin + Träger). Nach 24h inniger Durchmischung wird das Lösemittel im HV entfernt und der entstehende Platinkolloid-Katalysator mehrmals mit THF gewaschen. Anschließend wird der Katalysator für 16h im HV bei 40°C getrocknet.

2.4   Destraktionsergebnisse

2.4.1   Bestimmung der Destraktionsbedingungen

Zu Beginn wurde die Löslichkeit von Tetraoctylammoniumbromid in $scCO_2$ bestimmt. Dabei stellte sich heraus, daß eine Destraktion der tensidischen Schutzhülle des Platinkolloids mit reinem CO_2 nicht möglich ist, da die Polarität des $scCO_2$ bei Drücken bis zu 350bar und einer Temperatur bis 100°C nicht ausreicht, ein quaternäres Ammoniumsalz zu lösen.

Kawi et al. beschreiben jedoch die Destraktion eines solchen Salzes bei Verwendung von geringen Mengen Methanol im CO_2 [14]. Dieses Zudosieren eines weiteren Lösemittels zur Steigerung der Löslichkeit ist durchaus üblich.

Nachfolgende Versuche zeigten, daß der Zusatz von Methanol zum $scCO_2$ die gewünschte Destraktion des Tetraoctylammoniumbromids ermöglicht. Das Methanol wird kontinuierlich mit einer HPLC-Pumpe dem $scCO_2$-Strom zugeführt. Der Eintrag von Methanol durch eine einmalige Zugabe zum Extraktionsgut oder über eine Methanol beladene Vorsäule führt zu unvollständiger Destraktion.

Die Destraktionsbedingungen wurden von Kawi et al. übernommen. Das Tensid ist mit einem CO_2-Strom von 1,0ml/min, versetzt mit Methanol (0,2ml/min), bei 350bar und 85°C destrahierbar.

2.4.2   Destraktion nicht geträgerter Metallkolloide

Die Entfernung der Schutzhülle von Metallkolloiden war mit der vorhandenen Ausrüstung nicht möglich. Zwar ist es möglich, die Schutzhülle zu entfernen, jedoch konnte kein geeigneter Filter gefunden werden, um die Metallpartikel in der Extraktionszelle zu halten. Das Kolloid wird mit dem $scCO_2$/Methanol-Fluß ausgeschleppt und kontaminierte die nachfolgenden Leitungen sowie das Entspannungsventil.

Auch die Verwendung von Membranfiltern, die für die Ultrafiltration von Metallkolloiden erfolgreich eingesetzt werden, brachte keine Abhilfe. Unter den gegebenen Bedingungen von 350bar und bis zu 85°C verhindert kein bekanntes Filtermaterial das Austragen der Metallpartikel wirksam. Daher wurden die Versuche zur Destraktion nicht geträgerter Kolloide zur Darstellung von Metallpulvern eingestellt.

2.4.3   Destraktion und Untersuchung der destrahierten Kolloidkatalysatoren

Die Destraktion der Platinkolloid-Katalysatoren wurde in der in Kapitel 2.2 beschriebenen Laboranlage durchgeführt. Nach den Vorversuchen (Kap. 2.4.1) stellte sich eine Destraktion bei 350bar und 85°C als geeignet heraus.

Für die Destraktion des Katalysators wird dieser in den Autoklaven unter CO_2-Fluß eingewogen. Der Autoklav wird verschlossen und in die Heizkammer mit den Zu- und Ableitungen eingebaut. Nach einem Test auf Dichtigkeit des System wird der Druck über die Spritzenpumpe auf 350bar und die Heizung auf 85°C eingestellt.

Der Verlauf der Destraktion wird anhand der Cl-Konzentration mittels Ionenchromatographie verfolgt. Bei Erreichen des zuvor ermittelten Blindwertes wird die Destraktion abgebrochen, und nach dem Entspannen des System der gereinigte Katalysator dem Extraktor entnommen. In Tab. 2.1 ist die Destraktion von **Pt-Kat. 1** zusammengefaßt. Die Masse des Destrakts wurde zu 0,13g bei einer Einwaage von 1,22g Katalysator bestimmt.

Die einzelnen Schritte der Destraktion sind ebenfalls in Tabelle 2.1 gezeigt. In der ersten Spalte ist die Fraktion angegeben, die am Austritt des taktenden Ventils aufgefangen und hinsichtlich des Chlorgehalts analysiert wird. In der nächsten Spalte ist der CO_2-Durchsatz für

Fraktion	Fluid-Durchsatz		Destraktionszeit		Cl-Gehalt
Nr.	CO_2 [ml]	$\Sigma\ CO_2$ [ml]	dyn. [min]	stat. [min]	[ppm]
1	100	100	100	0	109
2	100	200	100	90	68,7
3	115	315	115	0	41,7
4	100	415	100	120	39,7
5	50	465	50	0	22,5
6	110	575	110	0	37,4
7	110	685	110	80	36,0
8	100	785	100	0	30,9

Tab. 2.1:   Destraktionsdaten von **Pt-Kat. 1**

jede Fraktion sowie die insgesamt benötigte Menge angegeben. Desweiteren ist die Destraktionszeit in Minuten angegeben. Hier wird zwischen einer kontinuierlichen (dynamisch) Destraktion und einer statischen Destraktion (stat.) unterschieden. Damit kann die Kontaktzeit des Fluids mit dem Extraktionsgut verändert werden. Zuletzt sind die ermittelten Cl-Gehalte des Destrakts aufgeführt.

Die unterschiedlichen Destraktionsarten statisch und dynamisch dienten der Abschätzung, wie weit die Destraktion fortgeschritten ist. Während nach der ersten statischen (diskontinuierlichen) Destraktion noch eine deutlich Absenkung des Chloridgehaltes um 27ppm festgestellt werden kann, veränderte sich die Chloridkonzentration im Destrakt nach dem letzten statischen Destraktionsschritt kaum. Daraufhin wurde die Destraktion abgebrochen.

Die Analyse des Destrakts mittels Massenspektroskopie wies eindeutig das Tensid Tetraoctylammoniumchlorid nach.

Tab. 2.2 zeigt die Destraktionswerte für den **Pt-Kat. 2**. Die Einwaage an Katalysator betrug 1,48g. Es wurden 0,21g Destrakt ausgewogen. Die Verfahrensweise bei der Destraktion ist mit der von **Pt-Kat. 1** identisch.

Der Cl^--Konzentration ist zu Beginn der Destraktion noch mittels potentiometrischer Titration mit Silbernitrat bestimmt worden. Die erhaltenen Werte dieser Messungen sind eingeklammert.

Fraktion	Fluid-Durchsatz		Destraktionszeit		Cl-Gehalt
Nr.	CO_2 [ml]	$\Sigma\, CO_2$ [ml]	dyn. [min]	stat. [min]	[ppm/(g/l)]
1	120	120	120	120	(0,8)
2	210	330	210	130	(0,15)
3	80	410	80	10	(0,04)
4	115	525	115	90	(0,02)
5	115	640	115	0	(0,03)
6	70	710	70	0	(0,03)
7	120	830	120	0	28,8/(0,04)
8	100	930	100	90	26,4/(0,03)
9	60	990	60	0	(0,03)
10	100	1090	100	0	(0,03)
11	100	1190	100	0	19,1
12	40	1230	40	120	24,2
13	40	1270	40	0	15,4

Tab. 2.2:   Destraktionsdaten des **Pt-Kat. 2**

Hier ist die Destraktion wesentlich länger fortgeführt worden als im Versuch zuvor. Im Prinzip ist die Destraktion nach dem fünften oder sechsten Schritt beendet. Die Chloridkonzentration ist im Destrakt nahezu konstant. Dies bedeutet, daß bereits hier das Tensid beinahe vollständig destrahiert ist.

Um einen Vergleich der Destraktionsergebnisse zu konventionellen Methoden zu haben, wurde zusätzlich eine Flüssigphasenextraktion mit Methanol durchgeführt. Dazu werden die geträgerten Pt-Kolloide bei 68°C 8h in einer Soxhlet-Apparatur extrahiert.

Die Güte der Destraktion wird anhand eines Vergleichs der Elementaranalysen (vor und nach der Destraktion bzw. Extraktion) beurteilt. Die Konzentrationen von Stickstoff und Chlor liefern einen Hinweis über die Vollständigkeit der Entfernung der Schutzhülle. Der Kohlenstoffgehalt aus der Schutzhülle ist nicht bestimmbar, da der Träger ebenfalls aus Kohlenstoff besteht.

Weiterhin zeigt der Platingehalt der Platinkatalysatoren, ob das jeweilige Verfahren schonend die Schutzhülle entfernen kann, oder ob es zu Auswaschungen der Aktivkomponente kommt. Die erhalten Elementaranalysedaten sind in Tab. 2.3 Zusammengestellt.

Kolloidkatalysator	Stickstoffgehalt [%]	Chlorgehalt [%]	Platingehalt [%]
Pt-Kat.1	0,48	0,57	3,36
Pt-Kat.1a	0,03	<0,1	3,69
Pt-Kat.1b	0,04	0,13	3,27
Pt-Kat.2	0,64	0,65	4,48
Pt-Kat.2a	0,03	<0,1	4,34
Pt-Kat. 2b	0,03	0,36	3,74

Tab. 2.3:   Elementaranalysedaten für die geträgerten Pt-Kolloidkatalysatoren vor und nach der Destraktion bzw. Extraktion

Aus Tabelle 2.3 ist ersichtlich, daß das Tensid sowohl bei der Extraktion mit Methanol als auch bei der Destraktion mit CO_2/Methanol fast vollständig entfernt wird. Deutliche Unterschiede sind beim Chlorgehalt zu erkennen. Hier ist die Destraktion mit einer nahezu vollständigen Entfernung des Chlorids dem herkömmlichen Extraktionsprozeß überlegen.

Die Platinwerte der destrahierten Kolloidkatalysatoren als auch der extrahierten Kolloidkatalysatoren zeigen deutliche Auswaschungen von Platin an. Bei der Destraktion zeigten sich jedoch geringere Auswaschungen, woraus sich auf eine schonendere Entfernung der Schutzhülle gegenüber der Flüssigphasenextraktion schließen läßt.

Ein weiteres Kriterium für die Qualität der Schutzhüllenentfernung ist die Partikelgröße. Hier ist der Erhalt der durch die Kolloidsynthese erreichten Partikelgrößen von Bedeutung. Abb. 2.3 und Abb. 2.4 zeigen die erhaltenen Histogramme für den **Pt-Kat. 1** sowie den **Pt-Kat. 2** vor und nach der Destraktion bzw. Extraktion im Vergleich.

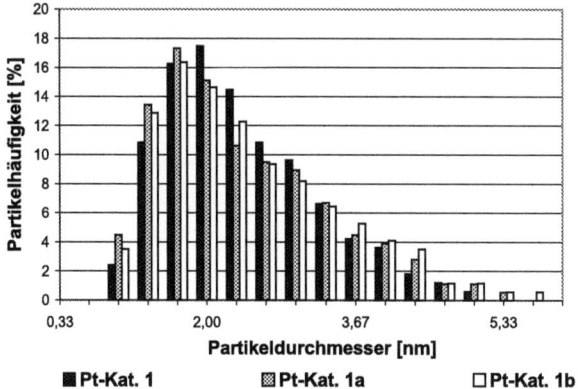

Abb. 2.3: Histogramme für den **Pt-Kat. 1** (mittlerer Partikeldurchmesser 2,4 ± 0,9nm) vor und nach der Destraktion/Extraktion

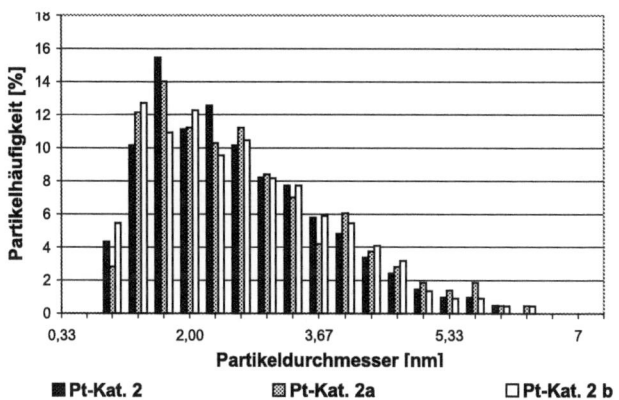

Abb. 2.4: Histogramme für den **Pt-Kat. 2** (mittlerer Partikeldurchmesser 2,6 ± 1,1nm) vor und nach der Destraktion/Extraktion

Zwischen den einzelnen Katalysatoren einer Serie können keine Unterschiede bezüglich der Partikelgröße festgestellt werden. Das Extrahieren bzw. Destrahieren verursacht kein Partikelwachstum.

Eine Möglichkeit, die Reinheit einer Oberfläche zu verifizieren, besteht in der Chemisorption. Daher wurden die sechs Katalysatorproben mittels CO-Chemisorption untersucht. Tab. 2.4 faßt die Ergebnisse der Messungen zusammen.

Zwischen den gereinigten (extrahierten/destrahierten) und den nicht gereinigten Katalysatoren ist ein deutlicher Unterschied in der Dispersität zu erkennen. Nach der Destraktion/Extraktion besitzen die Pt-Katalysatoren eindeutig höhere Werte für die Dispersität als zuvor. Damit ist die aktive Katalysatorfläche durch die Reinigung angestiegen. Allerdings sind die Werte für die unbehandelten Pt-Kolloidkatalysatoren mit 16,4% und 17,0% im Vergleich zu Literaturwerten sehr hoch [15]. Dies kann auf zwei Effekte zurückgeführt werden. Zum einen ist die Metallkonzentration des verwendeten Kolloids sehr hoch (19,65% Platin). Das heißt, das Rohkolloid ist mit wenig Tensid bedeckt, und die Oberfläche ist daher gut zugänglich. Zum anderen mußten die Katalysatorproben vor der Chemisorptionsmessung für mindestens 24h bei 150°C und 10^{-2}mbar ausgeheizt werden. Dies ist notwendig, um ein Ausgasen der Katalysatorprobe während der Messung zu verhindern. Ohne diese Vorbehandlung sind keine stabilen Meßbedingungen für die CO-Chemisorption erreichbar. Dabei können unter Umständen Teile der Schutzhülle vor der Messung entfernt werden.

Die niedrigen Dispersitätswerte des Pt-Katalysators mit dem höheren Platingehalt sind nicht zu erklären, da ein Verlust an aktiver Oberfläche durch ein Partikelwachstum oder Agglomeration nach den TEM-Untersuchungen aus-geschlossen ist.

Kolloidkatalysator	Dispersion [%]	CO-Chemisorption [cm³/g]
Pt-Kat. 1	16,4	0,64
Pt-Kat. 1a	21,2	0,90
Pt-Kat. 1b	20,8	0,78
Pt-Kat. 2	15,0	0,77
Pt-Kat. 2a	17,3	0,86
Pt-Kat. 2b	17,0	0,73

Tab. 2.4:   CO-Chemisorptionsergebnisse der unterschiedlichen Pt-Katalysatoren

2.5   Standardhydriertests der gereinigten und nicht gereinigten Platin-Kolloidkatalysatoren

Um die katalytische Aktivität verschiedener Katalysatoren einordnen und miteinander vergleichen zu können, müssen diese unter Standardbedingungen getestet werden. Die Degussa AG hat für Hydrierungen an geträgerten Platinkatalysatoren einen Standardtest entwickelt [16,17]. Als Testsubstrat dient Crotonsäure, die zu Buttersäure hydriert wird. Die Bestimmung der Anfangshydrieraktivität wird im Glasreaktor mit Strömungsbrechern bei

Normaldruck durchgeführt. Der Wasserstoff wird über einen Begasungsrührer in eine Suspension des Katalysators in einer ethanolischen Crotonsäurelösung eingetragen. Eine Hg-gedichtete Gasbürette dient als Wasserstoffreservoir. Aus der Gasaufnahme der ersten Minuten und der Katalysatoreinwaage ist die Anfangsaktivität bestimmbar. Dabei werden Dreifachbestimmungen vorgenommen, um die Anfangsaktivität eines Katalysators zu testen. Abb. 2.5 stellt die erhalten Aktivitäten für den **Pt-Kat. 1** vor und nach der Destraktion sowie der Extraktion dar. Zum Vergleich ist noch ein industrieller 5Gew.% Platinkatalysator zu sehen. Die Reinigung des **Pt-Kat. 1** sorgt nur in Verbindung mit einem höheren Platingehalt für eine Steigerung der Aktivität.

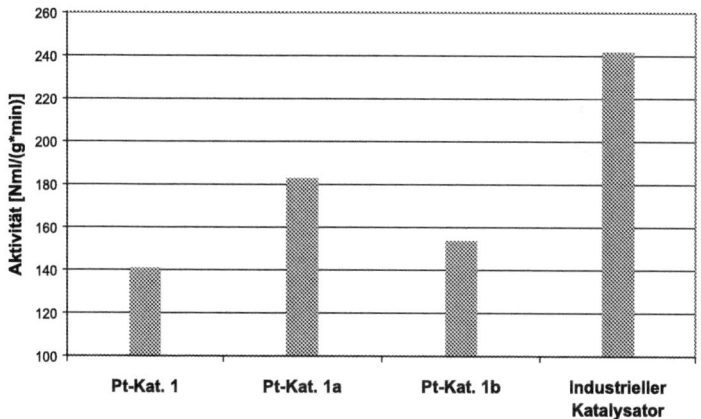

Abb. 2.5:   Anfangshydrieraktivität des **Pt-Kat. 1** vor und nach der Destraktion sowie Extraktion im Vergleich zu einem industriellen 5Gew.%-Platinkatalysator

So zeigt der **Pt-Kat. 1a** mit dem höchsten Platingehalt auch die höchste Anfangsaktivität der Kolloidkatalysatoren. Zwischen dem **Pt-Kat. 1** und dem **Pt-Kat. 1b** ist dagegen kein Unterschied zu erkennen. Hier besteht auch kaum ein Unterschied zwischen den Platingehalten, ermittelt aus der Elementaranalyse.

Noch deutlicher wird dieser Trend, wenn man die Anfangsaktivität des **Pt-Kat. 2** betrachtet (Abb. 2.6). Während zwischen dem **Pt-Kat. 2** und dem **Pt-Kat. 2a** mit fast identischen Platinwerten aus der Analyse in der Aktivität keine Unterschiede sichtbar sind, fällt der **Pt-Kat. 2b** mit einer wesentlich niedrigeren Platinkonzentration auch in der Anfangsaktivität deutlich ab. Ein Einfluß der Schutzhülle ist bei diesen Auftragungen nicht zu erkennen.

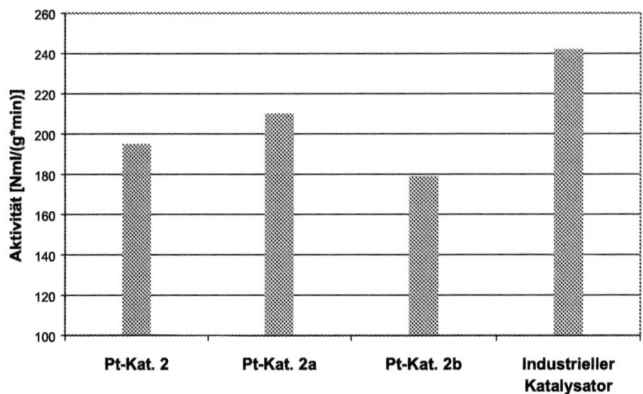

Abb. 2.6:   Anfangshydrieraktivität des **Pt-Kat. 2** vor und nach der Destraktion sowie Extraktion im Vergleich zu einem industriellen 5Gew.%-Platinkatalysator

Daher wird im folgenden eine Auftragung der Aktivität mit normierten Platinkonzentrationen (5Gew.%) gewählt. Dies ist in Abbildung 2.7 und 2.8 dargestellt. Nach der Normierung sind die Anfangsaktivitäten der gereinigten Kolloidkatalysatoren (extrahiert oder destrahiert) und eines industriellen Platinkatalysators im Rahmen der Fehlertoleranz als gleich zu betrachten. Ein Unterschied in der Aktivität vor und nach dem Entfernen der Schutzhülle der Kolloidkatalysatoren ist, wenn auch schwach, erkennbar.

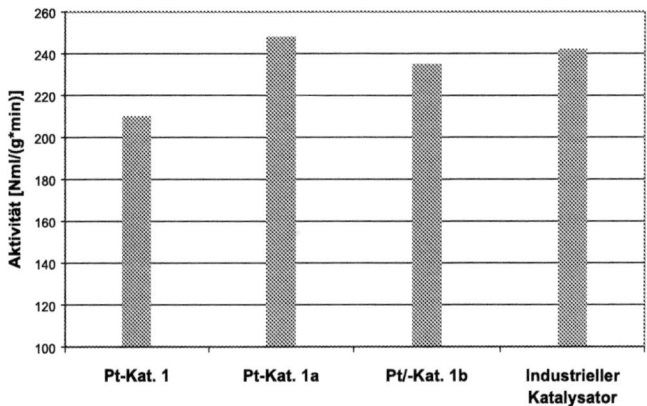

Abb. 2.7:   Anfangshydrieraktivität (auf 5Gew.% Pt normiert) des **Pt-Kat. 1** vor und nach der Destraktion sowie Extraktion im Vergleich zu einem industriellen 5Gew.%-Platinkatalysator

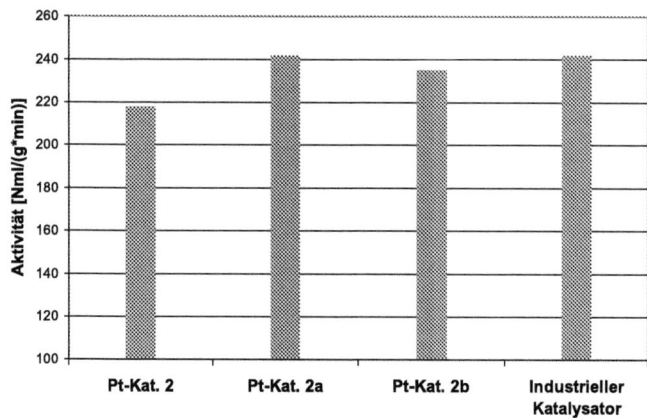

Abb. 2.8: Anfangshydrieraktivität (auf 5Gew.% Pt normiert) des **Pt-Kat. 2** vor und nach der Destraktion sowie Extraktion im Vergleich zu einem industriellen 5Gew.%- Platinkatalysator

Allerdings ist der Einfluß der Schutzhülle bei diesem Hydriertest als wesentlich geringer einzustufen, als der der geringen Unterschiede in der Beladung mit Edelmetall. Abweichende Platingehalte von wenigen zehntel % machen sich in einer wesentlich veränderten Anfangsaktivität bemerkbar.

2.6 Synopse zu 2

Die Polarität des $scCO_2$ ist nicht ausreichend, um das Tensid Tetraoctylammoniumbromid zu lösen. Die Destraktion des Tensids mit überkritischem CO_2 ist daher nicht möglich. Erst der Eintrag von Methanol als Modifier zu $scCO_2$ ermöglicht die Destraktion.

Platinkolloidkatalysatoren, mit Tetraoctylammoniumchlorid als Schutzhülle, lassen sich mit der Destraktionsmethode unter zuvor festgelegten Bedingungen vom Tensid befreien. Massenspektroskopie-Untersuchungen zeigen das Vorliegen der Schutzhülle in den Destrakten und damit die erfolgreiche Entfernung. Dabei gelingt eine vollständigere und schonendere Reinigung als mittels Flüssigphasenextraktion mit Methanol. Dies geht aus der Elementaranalyse der gereinigten Kolloidkatalysatoren hervor. Allerdinds ist auch bei der Destraktion mit $scCO_2$/Methanol ein Ausschleppen von Platin nicht ganz zu vermeiden.

Die Entfernung der Schutzhülle gelingt bei gleichzeitigem Erhalt der Partikelgröße, wie aus TEM-Aufnahmen vor und nach dem destrahieren hervorgeht.

CO-Chemisoptionsmessungen nach Entfernen der Schutzhülle ergeben höhere Dispersitäten im Vergleich zu nicht destrahierten Kolloidkatalysatoren.

Die Standardhydrierung von Crotonsäure zu Buttersäure zeigt einen leichten Anstieg der Anfangsaktivität gegenüber der nicht destrahierten Kolloidkatalysatoren. Gegenüber extrahierten Koloidkatalysatoren zeigt sich in der Hydrierung mit destrahierten Katalysatoren kaum ein Vorteil ab. Entscheidender als der Einfluß des Tensids ist die Platinkonzentration der Katalysatoren. Nach Normierung der Aktivität auf die Edelmetallbeladung ist zwischen unterschiedlich gereinigten Kolloidkatalysatoren und einem industriellen Vergleichskatalysator kein Unterschied mehr. Lediglich nicht gereinigte Kolloidkatalysatoren zeigen eine etwas geringere Aktivität.

2.7 Literatur zu 2

[1]   G.A.M. Diepen, F.E.C. Scheffer, J. Am. Cehm. Soc. **70**, 4085 (1948)

[2]   J.S, Rowlinson, M.J. Richardson, Adv. Chem. Phys. **2**, 85 (1959)

[3]   E.U. Franck, Ber. Bunsenges. Phys. Chem. **73**, 135 (1969)

[4]   P.F.M. Pauls, W.S. Wise, The Principles of Gas Extraction, M & B Monographs, Mills & Boon Ltd., London (1971)

[5]   G. Wilke, Angew. Chem. **90**, 747 (1978)

[6]   K. Zosel, Angew. Chem. **90**, 748 (1978)

[7]   K. Zosel, US Patent 3 969 196 (1963)

[8]   K. Zosel, DB Patent 2 005 293 (1974), Studiengesellschaft Kohle

[9]   W. Roselius, O.G. Vitzthum, P. Hubert, DB Patent 2 043 537 (1975)

[10]   O.G. Vitzthum, P. Hubert, DB Patent 2 127 642 (1975)

[11]   O.G. Vitzthum, P. Hubert, W. Sirtl, DB Patent 2 127 618 (1973)

[12]   J. Falbe, M. Regitz, Römpp Chemie Lexikon, Georg Thieme Verlag, Stuttgart, 9. Aufl., Bd. 6 (1992)

[13]   H. Bönnemann, W. Brijoux, R. Brinkmann, R. Fretzen, T. Joußen, R. Köppler, B. Korall, P. Neiteler, J. Richter, J. Mol. Cat. **86**, 129 (1994)

[14]   S. Kawi, M.W. Lai, Chem. Comm., 1407 (1998)

[15]   K. Siepen, Dissertation RWTH Aachen (1996)

[16]   J. Richter, Dissertation RWTH Aachen (1994)

[17]   B. Korall, Dissertation RWTH Aachen (1992)

3 Trägerkatalysatoren auf Silberkolloidbasis für die Ethylenoxidation

3.1 Zur industriellen Ethylenoxidation

Die Selektivoxidation von Ethylen zu Ethylenoxid an heterogenen Silberkatalysatoren ist von großem industriellen Interesse [1]. Ethylenoxid (EO) ist die Basis für die Produktion von Ethylenglykol, Polyester, Tenside, Amine und Polyethylenglykol. Die EO Jahresproduktion betrug 1997 etwa 12 Millionen Tonnen.

1859 von A. Wurtz entdeckt, wurde EO zum Teil bis 1975 nach dem indirekten Chlorhydrin-Verfahren hergestellt. Dabei wurde Ethylen mit Chlor und Wasser zu Ethylenchlorhydrin und HCl umgesetzt. Dieses wurde ohne weitere Aufarbeitung mit Calciumhydroxid zu EO, Calciumchlorid und Wasser umgesetzt [2].

Schon 1931 entdeckte Lefort die katalytische Direktoxidation von Ethylen an Silber und substituierte damit langsam das ungünstigere Chlorhydrin-Verfahren [3]. Vor allem die Vermeidung eines salzartigen Nebenprodukts spricht für die direkte Oxidation. Abb. 3.1 zeigt die beiden Reaktionen im Vergleich.

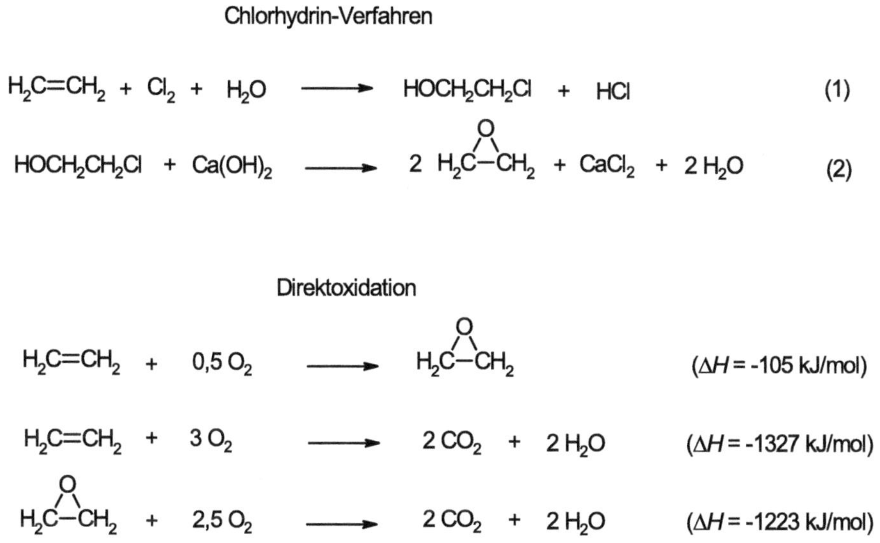

Chlorhydrin-Verfahren

$$H_2C=CH_2 + Cl_2 + H_2O \longrightarrow HOCH_2CH_2Cl + HCl \tag{1}$$

$$HOCH_2CH_2Cl + Ca(OH)_2 \longrightarrow 2\ H_2\overset{O}{\overset{\triangle}{C-CH_2}} + CaCl_2 + 2\,H_2O \tag{2}$$

Direktoxidation

$$H_2C=CH_2 + 0.5\,O_2 \longrightarrow H_2\overset{O}{\overset{\triangle}{C-CH_2}} \qquad (\Delta H = -105\ \text{kJ/mol})$$

$$H_2C=CH_2 + 3\,O_2 \longrightarrow 2\,CO_2 + 2\,H_2O \qquad (\Delta H = -1327\ \text{kJ/mol})$$

$$H_2\overset{O}{\overset{\triangle}{C-CH_2}} + 2.5\,O_2 \longrightarrow 2\,CO_2 + 2\,H_2O \qquad (\Delta H = -1223\ \text{kJ/mol})$$

Abb. 3.1: EO-Darstellung nach Chlorhydrin- und Direktoxidations-Verfahren

Wie aus Abb. 3.1 ersichtlich, stellt die Partialoxidation von Ethylen zu Ethylenoxid eine exotherme Reaktion dar. Jedoch zeigen die Nebenreaktion (Totaloxidation zu CO_2) sowie die Folgereaktion (Weiteroxidation von EO zu CO_2) eine wesentlich stärkere Exothermie, womit das größte Problem der Direktoxidation gekennzeichnet ist [2]. Die Neben- und Folgereaktionen führen zur Minderung der Selektivität und erfordern technologische Maßnahmen zur optimalen Wärmeabfuhr. So wird der Ethylen-Umsatz in der Technik auf weniger als 10% begrenzt. Als Reaktionsführung hat es sich bewährt, das Reaktionsgemisch durch einen Rohrbündelreaktor im Kreislauf zu führen. Als Wärmeabfuhr dient eine siedende Flüssigkeit (Kerosin, Tetralin), die zwischen den Röhren zirkuliert. Typische Bedingungen für die Ethylenoxidation mit Sauerstoff (ältere Verfahren arbeiten zum Teil noch mit Luft) sind: 10-20bar und 250-300°C. Der Sauerstoffanteil wird auf etwa 6-8Vol.% bei 20-30Vol.% Ethylen begrenzt. Damit arbeitet man außerhalb der Explosionsgrenzen von Sauerstoff/Ethylen-Mischungen. Die Selektivität zu Ethylenoxid erreicht dabei bis zu 85%. Obwohl sich seit der Entdeckung durch Lefort viele Forschungsgruppen mit der direkten Oxidation von Ethylen beschäftigten [4], ist bis heute Silber die Basis der Katalysatoren für die Ethylenoxidsynthese geblieben. Bei den industriellen Katalysatoren wird dabei das Silber durch Tränkung mit z. B. Silberlactat auf den Träger gebracht. Als Variante wird die elektrische Explosion von Drähten für die Darstellung feinstverteilter Silberpulver in der Literatur diskutiert [5]. Als Trägermaterial wird bevorzugt α-Aluminiumoxid mit einer Oberfläche von $0,1-7m^2/g$ eingesetzt. Aber auch SiO_2-Träger werden zum Teil verwendet. Als Zusätze dienen Chlor (in Form chlorierter Kohlenwasserstoffe) [6], Alkalimetalle [7] und Rhenium [8]. Bei der Oxidation von Ethylen zu Ethylenoxid geht man von einem Reaktionsverlauf nach dem Eley-Rideal-Mechanismus aus [9].

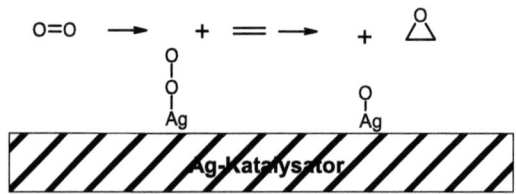

Schema 3.1:   Elay-Rideal-Mechanismus

Chemisorbierter Sauerstoff reagiert mit Ethylen aus der Gasphase. Da aber ein Teil des Sauerstoffs auch dissoziativ chemisorbiert, kommt es zur unerwünschten Totaloxidation durch den wesentlich reaktiveren atomaren Sauerstoff. Bei diesem Mechanismus spielen die Zusätze eine wesentliche Rolle. Während reine Silberkatalysatoren eine Selektivität von etwa 40%

erreichen, weisen mit den verschiedenen Zusätzen versehene Katalysatoren Selektivitäten bis zu 94% auf.

Bekannt ist, daß die Adsorption von Chlor auf dem Silber zwei Effekte hervorruft. Zum einen unterdrückt das Chlor die Bildung von stark adsorbierten Sauerstoff-Spezies, die einen C-H-Bindungsbruch aktivieren können, und damit zur Totaloxidation führen. Zum anderen schwächt das Chlor die Bindungsstärke von adsorbierten atomaren Sauerstoff-Spezies durch das Abziehen von Elektronendichte vom Silber und damit letztendlich auch von Sauerstoff. Dies erleichtert die elektrophile Addition von Sauerstoff an die C=C-Doppelbindung des Ethylens. Der Zusatz von elektropositiven Elementen, wie etwa Alkalimetalle, sorgt für eine höhere Sauerstoffbedeckung. Dies führt ebenfalls zu einer Steigerung der Selektivität [4]. Ähnliche Effekte werden für die selektivitätssteigernde Wirkung des Rheniums diskutiert.

Für die Aktivität ist die Partikelgröße entscheidend. So konnten Goncharova und Mitarbeiter eine deutliche Abhängigkeit der Aktivität von der Partikelgröße verschieden präparierter Tränkkatalysatoren feststellen [10]. Dabei zeigten Silberpartikel einer Größe von 30-50nm besonders hohe Aktivitäten.

Diese Untersuchungen führten zu der Überlegung, Silberkolloide für die Darstellung aktiver Ethylenoxidkatalysatoren zu nutzen. Dabei sollte eine halogenfreie Synthese entwickelt werden. Die Trägerung auf handelsüblichem Aluminiumoxid, gefolgt von der Entfernung der Schutzhülle, sollte Silberkatalysatoren mit geringen Partikelgrößen ermöglichen.

3.2 Konventionelle Katalysator-Herstellung durch Tränkverfahren

Konventionelle Silberkatalysatoren werden durch die Tränkung von Al_2O_3-Pellets mit einem Silbersalz erhalten. Dabei wird eine Schmelze aus Silberlactat mit wenig Wasser und Wasserstoffperoxid versetzt. In die heiße Schmelze werden aus α-Aluminiumoxid geformte Hohlzylinder gegeben, die einen Teil der Schmelze aufnehmen. Nach dem Aufbringen des Silberlactats werden die getränkten Formkörper von der restlichen Schmelze abgetrennt und bei 60°C im Vakuumtrockenschrank getrocknet. Anschließendes Entfernen des Restkohlenstoffs bei 450°C liefert Silberkatalysatoren mit Silbergehalten von bis zu 16Gew.%.

3.2.1 Vergleichende TEM-Analysen

Insgesamt fünf Industriekatalysatorproben wurden hinsichtlich der Partikelgrößen der Silberteilchen untersucht. Es handelt sich dabei sowohl um frisch präparierte Proben als auch in der Ethylenoxidation getestete.

Katalysatorprobe	Teilchengrößen	Ag-Gehalt (Gew.%)	
1	50-350nm	17.3	frisch präpariert
2	5-2500nm	17.3	Versuchsreaktor
3	100-800nm	17.3	Produktionsreaktor
4	160-250nm	14.5	frisch präpariert
5	24-460nm	16.2	frisch präpariert

Tab. 3.1: Vergleich der Partikelgröße industrieller Katalysatoren (Kap. 3.2)

Der Trend der in der Tabelle 3.1 angeführten Katalysatoren ist deutlich erkennbar. Während die frisch präparierten Katalysatoren Partikelgrößen zwischen 24 und 460nm zeigen, ist bei den gebrauchten Katalysatoren ein deutliches Partikelwachstum zu erkennen, welches im weiteren Verlauf zu einer Verringerung der aktiven Katalysatoroberfläche und somit zu einer schleichenden Desaktivierung führt.

Der Einsatz von Kolloiden in der Katalyse könnte im Hinblick auf die TEM-Ergebnisse der Industriekatalysatoren zwei positive Effekte erzeugen. Erstens könnte die Partikelgröße durch die Kolloidsynthese gesteuert werden. Zweitens agiert die Schutzhülle während des Prozesses eventuell als Sinterbremse und sorgt so für eine bessere Langzeitstabilität.

3.3 Katalysatoren auf Silberkolloidbasis

3.3.1 Kolloidsynthese

Die Darstellung einer stabilen und konzentrierten (0,1-0,3M) Silberkolloidlösung ist äußerst schwierig. Die Aggregation mehrer Kolloidpartikel durch Wechselwirkungen der Kolloide untereinander ist für Silberkolloide sehr ausgeprägt [11]. Deshalb wird bei der Synthese von Silberkolloiden mit hohen Verdünnungen gearbeitet [12,13]. Die Umsetzung eines in organischen Solventien löslichen Silbersalzes (Silberneodekanoat) mit Aluminiumalkylen ergibt zwar stabile und konzentrierte Kolloidlösungen, doch das anschließende Tränken des Aluminiumoxid-Trägermaterials liefert stets nur eine reaktive Oberflächenbelegung des Trägers (siehe Abb. 3.3 b). Deshalb wird die Umsetzung von Silberneodekanoat mit Tetraoctylammonium-triethylhydroborat als Synthesemethode gewählt. Diese liefert neben stabilen und konzentrierten Kolloidlösungen auch eine komplette Durchtränkung des Trägermaterials (Abb. 3.3 c und d).

$$AgC_{10}H_{19}O_2 + N(Oct)_4[BEt_3H] \rightarrow Ag[N(Oct)_4C_{10}H_{19}O_2] + BEt_3 + 1/2\ H_2$$

Die Substitution des Silberneodekanoats durch Silbersalze mit kürzeren Alkylketten führt zu instabilen Kolloiden, bei deren Synthese immer auch ein Teil des Silbers in metallischer Form ausgefällt.

Silberkolloid	Partikelgröße
Ag-Kolloid 4	2-13nm
Ag-Kolloid 5	3-15nm
Ag-Kolloid 6	2-20nm

Tab. 3.2:   Ermittelte Partikelgrößen der Silberkolloide

Die TEM-Messungen ergeben für die Silberkolloide Partikelgrößen zwischen 2-20nm. Die größeren Partikel sind nicht mehr sphärisch und bestehen zumeist aus 2-3 kleineren, zusammengewachsenen Partikel. Dies ist ein Hinweis auf beginnende Agglomerationen. Abb. 3.2 zeigt die TEM-Aufnahme von **Ag-Kolloid 6**. Neben einer Vielzahl von kleinen Partikeln sind deutlich größere, mit Durchmessern bis zu 20nm erkennbar.

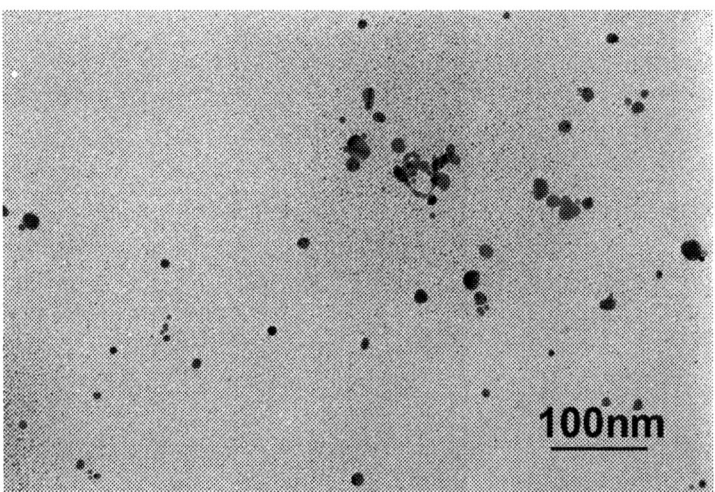

Abb. 3.2:   TEM-Bild von **Ag-Kolloid 6**

3.3.2 Trägerung der Kolloide

Das Trägermaterial besteht aus einem zu Hohlzylindern gepreßten α-Aluminiumoxid. Die BET-Oberfläche beträgt 0,5m^2/g bei einem mittleren Porendurchmesser von 5,5µm.

Versuche, die Kolloide adsorptiv aus einer verdünnten Lösung auf dem Trägermaterial abzuscheiden, gelangen nicht. Die maximal erreichbare Silberkonzentration durch adsorptives Trägern beträgt 0,5Gew.% Ag. Dieser Wert ist so niedrig, daß auch eine mehrmalig nacheinander durchgeführte Absorption zu keiner nennenswerten Ag-Beladung führt.

Daher wird ein zum industriellen Verfahren analoges Tränken mit einer hochkonzentrierten Silberkolloidlösung durchgeführt. Dazu muß aber das Kolloid von Teilen der Schutzhülle befreit werden, um die gewünschte Metallkonzentration auf dem Trägermaterial zu erreichen. Diese Aufreinigung von **Ag-Kolloid 4** und von **Ag-Kolloid 5** erfolgt durch das Redispergieren des Kolloids in möglichst wenig Ether und anschließendem Fällen in Ethanol. Überschüssiges Tensid bleibt dabei gelöst und kann, nachdem sich das Kolloid am Boden des Kolbens abgesetzt hat, abdekantiert werden.

Dadurch entstehen Silberkolloide mit Metallgehalten von 50-60Gew.% Ag. Diese werden in THF gelöst, so daß Kolloidlösungen mit 25Gew.% Ag entstehen. In dieser hochkonzentrierten Kolloidlösung werden die Trägerpellets für ca. 5min geschwenkt. Die überstehende Kolloidlösung wird abdekantiert, und die getränkten Al$_2$O$_3$-Pellets werden im HV bei 60°C vom Lösemittel befreit. Dieser Tränkschritt wird ein weiteres Mal wiederholt, um die angestrebte Silbermenge auf dem Träger abzuscheiden.

Abb. 3.3 zeigt die erhaltenen Silberkatalysatoren nach der Tränkung. a) ist ein unbehandelter Al$_2$O$_3$-Pellet, während b) ein Schalenkatalysator bei der Verwendung von aluminiumorganisch stabilisierten Ag-Kolloiden ist. c) ist ein mit **Ag-Kolloid 4** getränkter Pellet (nach einmaliger Tränkung). Der Ag-Gehalt beträgt 5Gew.% und der Träger ist homogen benetzt. Nach zweimaliger Tränkung mit dem **Ag-Kolloid 4** resultiert der Katalysator d). Hier beträgt der Silbergehalt 10Gew.%.

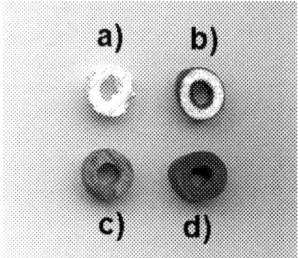

Abb. 3.3   a) Al$_2$O$_3$-Pellet, b) Schalenkatalysator durch die Verwendung eines aluminiumorganisch stabilisierten Sillberkolloids, c) Belegung mit **Ag-Kolloid 4** (5Gew.% Ag), d) Belegung mit **Ag-Kolloid 4** (10Gew.% Ag)

Auf dem Trägermaterial kommt es zu einer weiteren Agglomeration der Partikel. So werden im TEM Partikelgrößen von 2-260nm für die geträgerten Ag-Kolloide (**Ag-Kolloid 4, Ag-Kolloid 5**) gefunden. Der Hauptteil der Partikel hat einen Partikeldurchmesser zwischen 10 und 40nm. Zusätzlich wurden HRTEM- und EDX-Analysen zur genauen Bestimmung der Partikel durchgeführt. Damit gelang der Nachweis, daß es sich bei den 3nm-Partikeln als auch bei den größeren Partikeln um Silberteilchen und nicht etwa Bruchstücke des Trägermaterials handelte. Des weiteren war deutlich zu erkennen, daß größere Partikel (>10nm) meist aus mehreren kleineren zusammengewachsen sind. Diese Aggregation von Kolloidteilchen wird auch von Van Hyning diskutiert [11].

Es wurde ein Silberkolloidkatalysator mit einem wesentlich geringeren Silbergehalt (2Gew.%) hergestellt, um die Agglomeration während des Trägerns zu unterdrücken. Eine Aufkonzentration des **Ag-Kolloid 6** sowie ein mehrmaliges Tränken wurde hier nicht durchgeführt.

Die im TEM bestimmten Partikelgrößen des **Ag-Kat. 5** liegen zwischen 2 und 40nm. Größere Partikel (>40nm) konnten, im Gegensatz zu den Katalysatoren mit höherem Silbergehalt, nicht nachgewiesen werden.

Kolloidkatalysator	Silbergehalt [%]	Partikelgröße [nm]
Ag-Kat. 3	10,5	2-160
Ag-Kat. 4	10	2-260
Ag-Kat. 5	1,8	2-40

Tab. 3.3:   Partikelgröße und Silbergehalt der Silberkolloidkatalysatoren

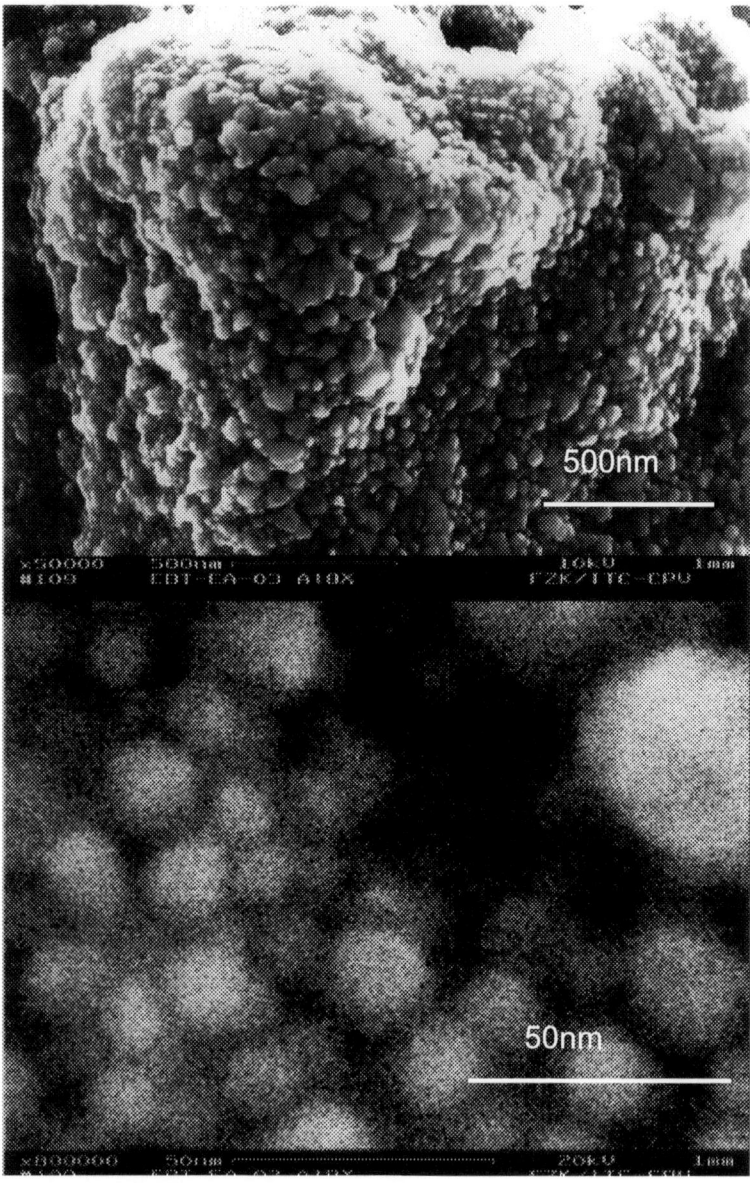

Abb. 3.4:   REM-Aufnahmen des **Ag-Kat. 4**

Die erhaltenen Partikelgrößen wurden in der Arbeitsgruppe von Prof. Dinjus am Forschungszentrum Karlsruhe durch REM-Aufnahmen verifiziert. Abb. 3.4 zeigt zwei Aufnahmen des **Ag-Kat. 4**. Im oberen Bild ist eine Übersichtsaufnahme des Katalysators zu sehen. Es tritt die Belegung des Trägers mit Kolloidpartikeln deutlich hervor. Im unteren Bild ist eine Ausschnittsvergrößerung dargestellt. Einzelne Partikel mit etwa 5-20nm Größe sind zu erkennen.

3.4 Katalysetests und Destraktion der Silberkolloidkatalysatoren

Das auf Aluminiumoxid aufgebrachte Silberkolloid wird in einer industriellen Testapparatur hinsichtlich Aktivität und Selektivität getestet. Die verwendete Testappartur besteht aus einer Gasmischstation, einem Reaktor und einem angeschlossenen Gaschromatographen.

In der Gasmischstation werden Luft, Ethylen und Stickstoff zu einem konstanten Gasstrom von 42Nl/h vermischt. Der Gasstrom besteht aus 8% O_2 und 30% Ethylen in N_2. Über ein Dosierventil kann zusätzlich ein mit Dichlorethan gesättigter Stickstoffstrom zugeleitet werden. Dichlorethan wirkt als Aktivitätsinhibitor der Ethylenoxidation, erhöht aber die Selektivität zum Ethylenoxid.

Das Reaktionsrohr wird über einen Thermostaten auf Reaktionstemperatur (160-250°C) geheizt. Anschließend werden die Reaktionsprodukte in einem Kühler auf RT temperiert und Nebenprodukte sowie Verunreinigungen kondensiert. Über ein Ventil wird ein Gaschromatograph mit Reaktionsgas versorgt und die Gaszusammensetzung online analysiert.

Der ganze Prozeß wird in der Versuchsapparatur drucklos gefahren. Über Temperaturkontrolle und Inhibitorkonzentration wird eine Ethylenoxidkonzentration von etwa 2Vol.% im Produktgasstrom angestrebt. Für eine Katalysatorfüllung des Reaktionsrohres werden 170ml der getränkten Katalysatorformkörper benötigt.

3.4.1 Nicht destrahierte Silberkolloidkatalysatoren

Der verwendete **Ag-Kat. 3** wurde in der zuvor beschriebenen Testaparatur hinsichtlich der Aktivität in der Oxidation von Ethylen getestet. Dabei war die Zudosierung von Inhibitor abgestellt, bis der Katalysator Aktivität zeigte. Nach fünf Tagen unter Reaktionsbedingungen schied sich im Kühler eine viskose Flüssigkeit ab. Eine Aktivität des Katalysators war bis dahin nicht feststellbar. Eine Analyse der Flüssigkeit mittels GC und MS zeigte, daß es sich um die

Schutzhülle Tetraoctylammoniumneodekanoat handelte. Nachdem innerhalb von drei Wochen immer noch keine Aktivität bestimmbar war, wurde der Katalysator 1h bei 450°C in einem Gasstrom von 35Nl/h N_2 und 5Nl/h Luft aktiviert.

Der so behandelte Katalysator wurde erneut zur Katalyse eingesetzt. Es konnte eine sehr geringe Aktivität festgestellt werden. Die Ethylenoxidkonzentration stieg nicht wesentlich über 0,05Vol.% im Produktgasstrom, wobei auch der Zusatz von Inhibitor nichts an der Reaktivität des Katalysators änderte.

Erneute Temperaturbehandlung unter Wasserstoff und der Einsatz in der Propenoxydation (zur Aktivierung des Katalysators) blieben ebenso ohne merklichen Einfluß auf die Aktivität des Katalysators. Nach sechs Wochen wurde der Versuch abgebrochen.

Von den industriellen Katalysatoren unterscheidet sich der Kolloidkatalysator durch die Anwesenheit der Schutzhülle. Da die Schutzhülle offensichtlich einen negativen Einfluß auf die Aktivität hat, wurden im folgenden nur noch mit $scCO_2$/Methanol destrahierte Katalysatoren eingesetzt.

3.4.2 Destraktionsergebnisse

Die Destraktion der Silberkolloidkatalysatoren wurde im Arbeitskreis von Prof. Dinjus am Forschungszentrum Karlsruhe durchgeführt. Die Reinigung der Katalysatorproben mit je 170ml Katalysator erfolgte in der im Kapitel 2.2 beschriebenen Technikumsanlage.

Die Zudosierung des Methanols konnte nicht kontinuierlich erfolgen. Daher wurde der gesamte Destraktionsprozess diskontinuierlich geführt.

Der Kolloidkatalysator wurde in den Autoklaven eingefüllt, und mittels eines Einsatzes wurden 150mL Methanol in einer Vorrichtung vor dem Extraktor vorgelegt. Daraufhin wurde die Anlage mit überkritischem CO_2 (300bar, 50°C) gefüllt. Der CO_2-Strom sättigt sich dabei mit Methanol bevor er in den Extraktor mit dem Kolloidkatalysator gelangt. Diese statischen Bedingungen wurden für 60min gehalten. Danach wurde 1h mit einem $scCO_2$-Fluß von 10kg/h gespült. Diese Verfahrensweise wurde dreimal wiederholt. Anschließend folgten zwei weitere Extraktionsschritte bei 400bar und 90min statischer Extraktion. Der **Ag-Kat. 4** und der **Ag-Kat. 5** wiesen nach der Destraktion C-Gehalte von <0,2% und 0,002% auf.

3.4.3 Destrahierte Silberkolloidkatalysatoren

Für die Katalyse wurden 170ml des destrahierten **Ag-Kat. 4** eingesetzt. Die Aktivität des Kolloidkatalysators stieg nach einem zögerlichen Start (erste 11 Tage) kontinuierlich bis auf eine Konzentration von 1Vol.% Ethylenoxid im Produktgasstrom an. Diese Aktivität hielt er für ca. 2 Wochen, ehe die Reaktion durchging und nur noch unkontrolliert CO_2 produziert wurde. Der langsame Anstieg könnte auf geringe Verunreinigungen durch Reste der Schutzhülle hinweisen. Erst wenn diese langsam „verbrennt", steigt die EO-Konzentration merklich an. Tatsächlich wurden geringe Menge der Schutzhülle im Kühler der Testapparatur auskondensiert.

Nachdem die Reaktion durchging, und der Katalysator nur noch unselektiv CO_2 produzierte wurde Inhibitor (1,2-Dichlorethan) dem Eduktgasstrom beigesetzt, um die Reaktivität zu begrenzen. Nach der Inhibitorzugabe stellte sich eine Konzentration von etwa 0,5Vol.% Ethylenoxid im Produktgasstrom ein. Die Selektivität stieg dabei um etwa 10% an. Abb. 3.5 zeigt das zugehörige Reaktionsprofil. Die EO-Selektivität und -Konzentration sind gegen die Zeit aufgetragen. In der ersten Hälfte des Diagramms sind die Daten ohne Inhibitorzugabe abgebildet. Die zweite Hälfte dagegen zeigt die gemessenen Werte unter Zugabe von 1,2-Dichlorethan.

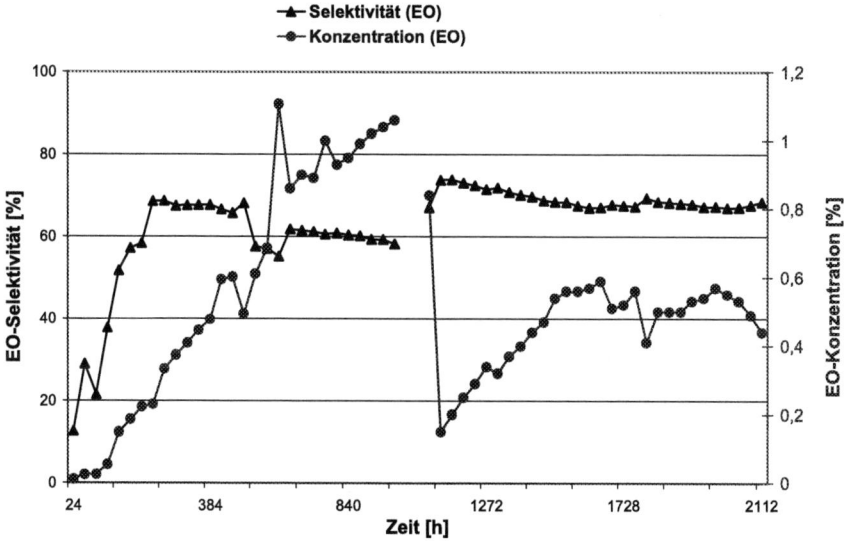

Abb. 3.5: Reaktionsprofil des **Ag-Kat. 4**

Das Reaktionsprofil des **Ag-Kat. 5** (Abb. 3.6) zeigt wesentliche Unterschiede zum **Ag-Kat. 4**. Der **Ag-Kat. 5** katalysiert von Anfang an die Oxidation des Ethylens zu Ethylenoxid. Eine Verzögerung der Katalyse ist hier nicht zu beobachten. Deshalb wird auch von Beginn an Inhibitor zudosiert.

Dieses unterschiedliche Verhalten zu Beginn könnte durch die wesentlich besseren Destraktionsergebnisse erklärt werden. Immerhin ist beim **Ag-Kat. 5** der Kohlenstoffgehalt um den Faktor 100 geringer als beim **Ag-Kat. 4**.

Die EO-Konzentration schwankt um die 0,6Vol.%. Industriell gefertigte Silberkatalysatoren mit einem Metallgehalt von etwa 16Gew.% weisen Werte von 2,2-2,4Vol.% EO im Produktgasstrom auf. Das heißt, der **Ag-Kat. 5** erreicht mit einem achtel der Silberkonzentration immerhin ein viertel der Aktivität herkömmlicher Katalysatoren.

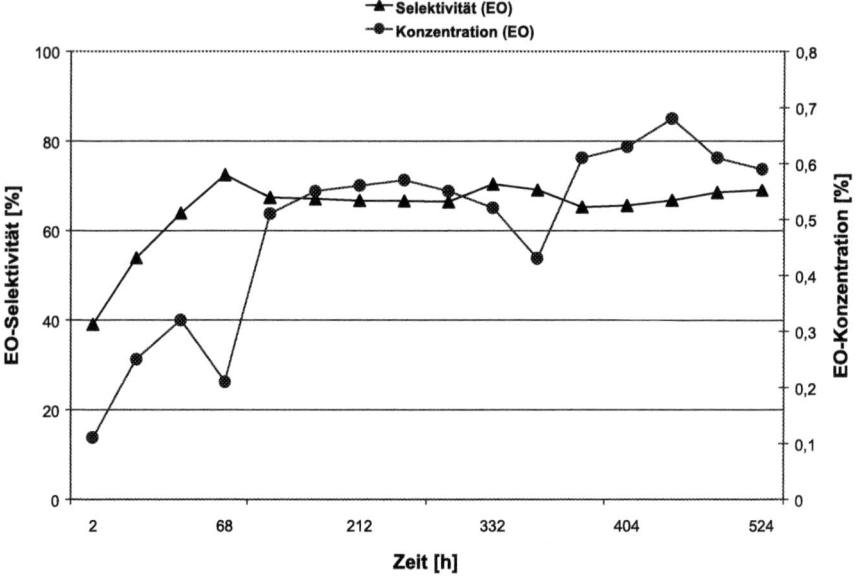

Abb. 3.6:   Reaktionsprofil des **Ag-Kat. 5**

Die erreichte EO-Selektivität liegt mit 70% etwa 10% unter den industriell gefertigten Katalysatoren. Dies steht in Übereinstimmung mit den Untersuchungen von Goncharova et al. [10]. Die aktivsten Partikel wiesen auch hier eine etwas geringere Selektivität auf.

3.5 Synopse zu 3

Die Darstellung von konzentrierten Silberkolloidlösungen gelingt durch Umsetzung von Tetraoctylammoniumtriethylhydroborat mit Silberneodekanoat. Das gereinigte Kolloid kann zum Tränken eines Aluminiumoxidträgers verwendet werden, wobei Metallgehalte um 10Gew.% erreicht werden. Während des Tränkens ändert sich die Partikelgröße der Kolloidkatalysatoren (**Ag-Kat. 3** und **Ag-Kat. 4**) durch Agglomeration. Nach dem Tränken der Silberkolloidkatalysatoren (10Gew.%) ähneln die Partikelgrößen denen, die aus der thermischen Zersetzung von Silbersalzen hervorgehen.

Der **Ag-Kat. 3** zeigte in der Ethylenoxidkatalyse keinerlei Aktivität. Versuche, den Katalysator zu aktivieren (Abbrennen, Oxidieren, Reduzieren, Einsatz in der Propylenoxidation, Inhibitorzugabe) schlugen fehl.

Nach einigen Tagen Katalyse-Einsatz wurde im Kühler der Testapparatur eine viskose Flüssigkeit (Tetraoctylammoniumneodekanoat) gefunden. Analysen zeigten, daß es sich um die Schutzhülle des **Ag-Kat. 3** handelt.

Daher wurde die inhibierende Schutzhülle mit überkritischem CO_2 (300bar, 50°C) unter Zusatz von Methanol vom Kolloidkatalysator destrahiert. Der Restkohlenstoffgehalt des **Ag-Kat. 4** betrug <0.2Gew.%. Der destrahierte **Ag-Kat. 4** zeigte in der Ethylenoxidation nach einem gehemmten Start eine deutliche Aktivität. Allerdings stieg die Ethylenkonzentration nach Zugabe von Inhibitor nicht über 0,5Vol.% hinaus an.

Verminderung der Silberkonzentration auf 2Gew.% und Verzicht auf deren Reinigung führt zu einem Kolloidkatalysator mit wesentlich kleineren Partikeln (2 bis 40nm). Die Destraktion dieses Katalysators mit $scCO_2$/Methanol gelingt wesentlich besser (**Ag-Kat. 5**). In der EO-Oxydation ist der **Ag-Kat. 5** trotz seiner geringen Silberbeladung aktiver als der **Ag-Kat. 4** (EO-Konzentration 0,6%, Selektivität 70%). Dies entspricht bei 1/8 der Silberkonzentration 1/4 der Aktivität industrieller Vergleichskatalysatoren.

3.6 Literatur zu 3

[1]   J.G. Serafin, A.C. Liu, S.R. Seyedmonir, J. Mol. Catal. **131**, 157 (1998)

[2]   H. Weissermehl, H.-J. Arpe, Industrielle organische Chemie, 4. Auflage, VCH, Weinheim, 157 (1987)

[3]   T.E. Lefort, Societe Francaise de Catalyse Generalisee, FR 729 952 (1931)

[4]   R.A. van Santen, H.P.C. Kuipers, Adv. in Catal. **35**, 266 (1987)

[5]   B.S. Bal`zhinimaev, V.I. Zaikovskii, L.G. Pinaeva, A. V. Romanenko, G.V. Ivanov, Mendeleev Commun., 100 (1998)

[6]   G.H. Law, H.C. Chitwood, U.S. Patent 2 279 469 (1942)

[7]   R.P. Nielsen, J.H. La Rochelle, U.S. Patent 4 012 425 (1977)

[8]   A.M. Lauritzen, U.S. Patent 4 761 394 (1988)

[9]   J. Hagen, Technische Katalyse, VCH, Weinheim, 103 (1996)

[10]   S.N. Goncharova, E. A. Paukshtis, B.S. Bal`zhinimaev, Appl. Catal. A **126**, 67 (1995)

[11]   D.L. van Hyning, C.F. Zukoski, Langmuir **14**, 7034 (1998)

[12]   W. Wamg, S. Efrima, O. Regev, Langmuir **14**, 602 (1998)

[13]   G. Cardenas-Trivino, V. Vera L, C. Munoz, Mater. Res. Bull. **33**, 645 (1998)

4 Zur aluminiumorganischen Kolloidsynthese

4.1 Bekanntes

Die Umsetzung von Nebengruppenmetall-Acetylacetonaten mit Aluminiumalkylen wurde erstmals von Ziegler und Mitarbeitern 1954 untersucht [1,2]. Auf diese Reaktion wurde Ziegler durch die Tatsache aufmerksam, daß geringe Spuren von Nickel genügten, um die Aufbaureaktion von Ethylen mit Aluminiumtriethyl zu höheren Olefinen in eine Dimerisation zu 1-Buten umzulenken. Schon in den ersten Veröffentlichungen dazu spricht Ziegler von „kolloidalem Nickel" [1,2], wobei damals noch kein Transmissionselektronenmikroskop zur Charakterisierung zur Verfügung stand. Eine systematische Variation über alle Nebengruppenelemente, um zu prüfen, welche Nebengruppenmetalle ebenfalls eine „Lenkung der Polymerisation von Ethylen" ermöglichen, führte mit Zirkonacetylacetonat schließlich zur Entdeckung des Normaldruckverfahrens zur Polymerisation von Ethylen [2].

Breslow, Lapporte, Kroll und Takegami griffen die Umsetzung von Metallsalzen mit Aluminiumalkylen auf [3-6]. Takegami et al. setzten Eisen-, Kobalt- und Nickelchlorid mit Triethylaluminium um und beobachteten den Einfluß des Metall-Aluminiumalkyl-Verhältnisses auf die Aktivität bei der Hydrierung von Olefinen. Pasynkiewicz reproduzierte diese Hydrieruntersuchungen an Nickelchlorid und erweiterte diese auf die Verwendung von Aluminiumdialkylalkoholaten [7]. Später wurde die Reaktion von Kobaltacetylacetonat mit Trimethylaluminium von Pasynkiewicz und Mitarbeitern untersucht [8]. Anhand von IR-, MS- und Protolysedaten wird ein Reaktionsmechanismus für die Umsetzung des Co^{+III} vorgeschlagen. Im ersten Schritt wird ein Donor-Acceptor-Komplex von $Al(CH_3)_3$ mit $Co(acac)_3$ gebildet, der schließlich unter gleichzeitigem Austausch einer Methyl- und einer Acetylacetonateinheit zur Bildung eines zweiwertigen Co-Komplexes und Dimethylaluminiumacetylacetonat führt. Der zweiwertige Co-Komplex kann nun ein weiteres mal einen Donor-Acceptor-Komplex mit $Al(CH_3)_3$ ausbilden. Der dabei entstehende Komplex und seine weiteren Reaktionsmöglichkeiten sind in Abb. 4.1 dargestellt. Folgereaktionen der Zersetzung des zweiwertigen Co-Komplexes führen dann über verschiedene Reaktionswege zu der Gasmischung aus Methan, Ethan und Ethylen, die in der Gasanalyse gefunden werden. Allerdings sind dies plausible Erklärungen. Die einzelnen Zwischenprodukte konnten weder isoliert noch charakterisiert werden.

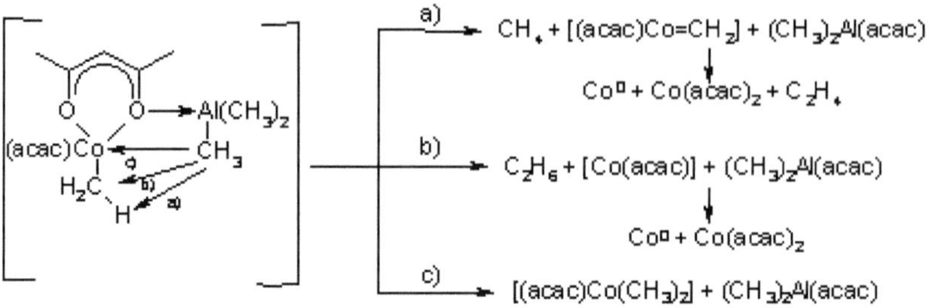

a) $CH_4 + [(acac)Co=CH_2] + (CH_3)_2Al(acac)$

$Co^0 + Co(acac)_2 + C_2H_4$

b) $C_2H_6 + [Co(acac)] + (CH_3)_2Al(acac)$

$Co^0 + Co(acac)_2$

c) $[(acac)Co(CH_3)_2] + (CH_3)_2Al(acac)$

Abb. 4.1:   Reaktionspfade für die Reaktion von $Co(acac)_2CH_3$ mit $Al(CH_3)_3$

Barrault schlägt bei der Umsetzung von $Co(acac)_2$ mit $Al(C_2H_5)_3$ ähnliche Donor-Acceptor-Komplexe vor wie Pasynkiewicz [9]. Analog zu Pasynkiewicz beobachtet auch Barrault reduktiven Ligandenaustausch zwischen dem Aluminiumalkyl und dem Metallacetylacetonat. Weiterhin konnte Barrault mittels IR-Spektroskopie die Existenz von Diethylaluminumacetylacetonat und Aluminiumtrisacetylacetonat nach der Synthese nachweisen.

Bradley et al. setzten aluminiumorganische Verbindungen für die Stabilisierung von Metallkolloiden ein [10-11]. Die Synthese der Kolloidpartikel erfolgte mittels Metallverdampfung. Als Stabilisator dienten Aluminiumalkyle oder Alumoxane. Die erhaltene Kolloide zeichneten sich durch einen sehr kleinen Partikeldurchmesser (1,0 ± 0,2nm für Pd) und eine sehr enge Partikelverteilung aus. Der Nachweis des metallischen Charakters anhand von ^{13}C-NMR-Messungen an adsorbiertem [13]CO scheiterte [10].

Schmid setzte Nickelacetylacetonat mit Dimethylaluminiumhydrid in Gegenwart von Triphenylphosphan um und erhielt ligandstabilisierte Nickelkolloide von 4nm Größe [12].

Nach diesen Hinweisen aus der Literatur entstand die Idee aluminiumorganisch stabilisierte Metallkolloide direkt aus der Umsetzung von Metallsalzen mit Aluminiumalkylen darzustellen. Mehrere Mitarbeiter des Arbeitskreises Bönnemann beschäftigten sich mit der Aufklärung dieser Umsetzung. Diese Kolloidsynthese ohne weitere Zugabe eines Stabilisators stellte sich als äußerst kompliziert heraus.

Melches beschäftigte sich mit der Darstellung von Metallkolloiden ausgehend von Metallsalzen und Aluminiumalkylen [13]. Dabei stand die allgemeine Anwendbarkeit (Ausdehnung der Synthese auf fast alle Edelmetalle) und die Verwendung von Aluminiumalkylen mit unterschiedlichen Kettenlängen im Vordergrund.

Wittholt [14] versuchte, den Stabilisierungsmodus näher zu beleuchten. IR-, NMR-, XANES-, EXAFS- und XPS-Untersuchungen gaben zwar eine genauere Vorstellung der Reaktion von Platinacetylacetonat und Trioctylaluminium, aber eine genaue Charakterisierung der

Schutzhülle war nicht möglich. Schließlich beschäftigte sich Scholzen [15] mit der Ermittlung der Stöchiometrie bei der Reduktion von Platinsalzen mit Aluminiumalkylen unterschiedlicher Kettenlänge. Es zeigte sich, daß zur kompletten Umsetzung des Platinsalzes ein Al:Pt-Verhältnis von ≥ 3 notwendig ist. Weiterhin gaben umfangreiche Protolysen der aluminiumorganisch stabilisierten Kolloide Hinweise auf Al-C-Gruppen in der Schutzhülle. Diese konnten genutzt werden die Platinkolloide reaktiv an Si-OH-Gruppierungen zu binden. Dies eröffnete völlig neue Möglichkeiten bei der Heterogenisierung der Metallkolloide.

Meine Aufgabe war es, die Umsetzung von Platinacetylacetonat mit Aluminiumtrimethyl unter den bekannten Bedingungen genauer zu studieren. Insbesondere sollten in situ Meßmethoden erlauben, den Ablauf der Synthese zu verfolgen. Dabei wurde die in situ XANES-Spektroskopie verwendet, um die Reduktion des Platins und falls möglich, die Bildung des Kolloids zu verfolgen. Die in situ NMR-Spektroskopie sollte Aufschluß über die Bildung und Reaktion der Schutzhülle während der Synthese geben.

4.2 Synthese und Charakterisierung aluminiumorganisch stabilisierter Pt-Kolloide

4.2.1 Synthese

Aluminiumorganisch stabilisierte Pt-Kolloide werden durch die Umsetzung von Platinacetylacetonat in Gegenwart von Trimethylaluminium als Reduktionsmittel dargestellt [13]. Der Stabilisator bildet sich in situ aus den Edukten der Reaktion.

Das Organosol entsteht durch Zutropfen einer Lösung von Trimethylaluminium in Toluol zu einer Lösung von Pt(acac)$_2$ in Toluol (Schema 4.1).

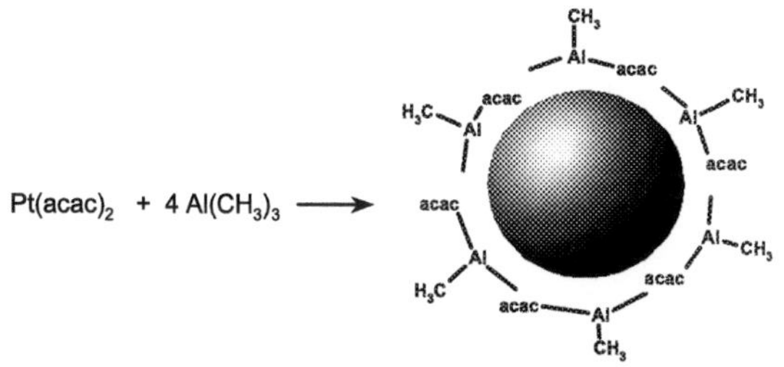

$$Pt(acac)_2 \;+\; 4\,Al(CH_3)_3 \longrightarrow$$

Schema 4.1: Reduktive Umsetzung von Pt(acac)$_2$ mit Al(CH$_3$)$_3$

Die zuvor zitronengelbe Lösung des Metallsalzes in Toluol färbt sich bei einer Reaktionstemperatur von 60°C schon bei Zugabe der ersten Tropfen Trimethylaluminium schwarz. Nach 24h ist in IR- und UV-Spektren kein Pt(acac)$_2$ mehr nachweisbar. Im Gegensatz dazu ist die Reaktionsdauer bei Raumtemperatur wesentlich erhöht. Abb. 4.2 zeigt fünf Kolloidansätze die zu unterschiedlichen Zeiten angesetzt wurden. Alle anderen Parameter (Konzentration, Temperatur, Lösungsmittel, Gefäßgröße) sind gleich. Die unterschiedlichen Färbungen der Ansätze sind deutlich zu erkennen. Die wesentlich langsamere Verfärbung bei Raumtemperatur deutet auf merklich gesteigerte Reaktionszeiten gegenüber den Ansätzen bei erhöhten Temperaturen hin. Bei einer Reaktionstemperatur von 60°C ist die Reaktion nach 24h Stunden abgeschlossen. Der Reaktionsansatz enthält eine schwarze kolloidale Lösung.

Im Gegensatz dazu zeigt sich bei der Synthese bei Raumtemperatur nach 26h Stunden immer noch eine klare durchscheinende Lösung. Die Farbintensität wird durch den nicht mehr sichtbaren Magnetrührkern des Ansatzes mit 36 Stunden Reaktionszeit dokumentiert.

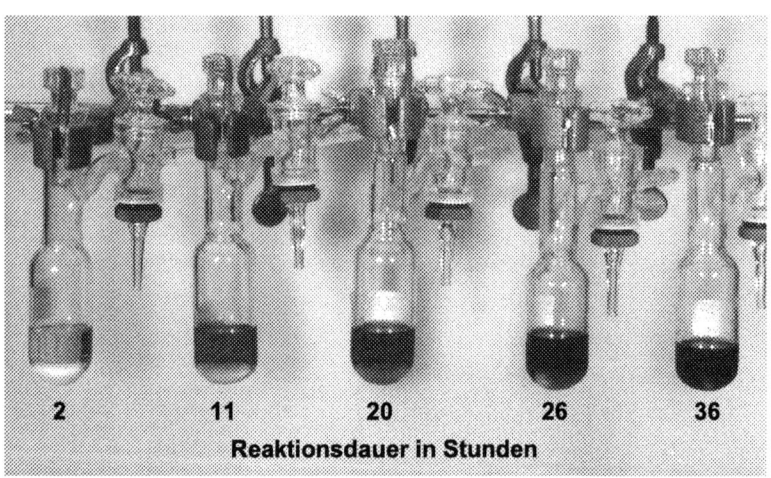

Abb. 4.2:   Ansätze Pt(acac)$_2$ mit Al(CH$_3$)$_3$ mit unterschiedlichen Reaktionszeiten

4.2.2   Modifikation

Wie schon aus den Untersuchungen von Melches [13], Wittholt [14] und Scholzen [15] hervorgeht, besitzen die aluminiumorganisch präparierten Kolloide hydrolisierbare Al-C-Bindungen. Diese reaktiven Gruppen können genutzt werden, um gezielt Reaktionen an der Schutzhülle durchzuführen. Dieses Verfahren erlaubt das Löslichkeitsspektrum der aluminiumorganisch stabilisierten Nanometallkolloide von hydrophilen bis zu hydrophoben

Lösungsmitteln zu variieren [16]. Schema 4.2 zeigt eine modellhafte Vorstellung dieser Reaktion.

Modifikationen des **Pt-Kolloids 2** mit 1-Decanol oder Brij35® (Polyethylenglykol-dodecylether) führen zu der Substitution der Al-C-Bindung durch Aluminiumalkoxide. Durch die Einführung längerer Alkylketten (1-Decanol) oder Funktionalitäten (Brij35®) ist damit die Stabilität und die Löslichkeit der modifizierten Kolloide gezielt steuerbar.

So ist das mit 1-Decanol modifizierte **Pt-Kolloid 3a** wesentlich besser redispergierbar in Toluol als das **Pt-Kolloid 2**. Während das **Pt-Kolloid 2** nach einer Woche nicht mehr vollständig redispergierbar ist, ist das 1-Decanol modifizierte **Pt-Kolloid 3a** auch nach mehreren Wochen noch vollständig redispergierbar.

Die Modifikation mit Brij35® führt zu einer Veränderung der Löslichkeit. Neben Toluol und THF kann es auch in Alkoholen und sogar Wasser gelöst werden. Dies zeigt die Möglichkeiten der Steuerung des Löslichkeitsverhalten der aluminiumorganischen Kolloide durch die Reaktion an der Schutzhülle auf.

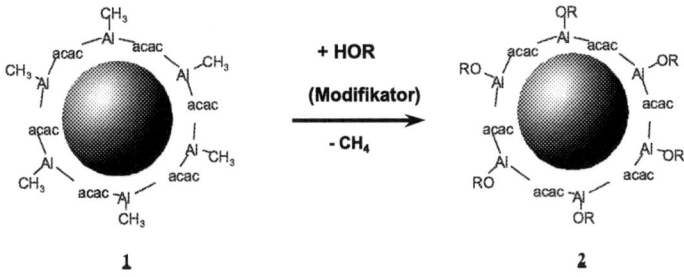

Modifikator: z. B. Polyethylenglykol-dodecylether

Schema 4.2: Modellhafte Vorstellung der Modifikation

4.2.3 Infrarot-Spektroskopie (IR)

Zu Untersuchung der Schutzhülle wurden Infrarot-Spektren von $Al(acac)_3$, $(CH_3)_2Al(acac)$ und des **Pt-Kolloids 2** gemessen. Abbildung 4.3 zeigt die Spektren im direkten Vergleich.

Aluminiumtrisacetylacetonat zeigt im Bereich von $1380cm^{-1}$-$1600cm^{-1}$ charakteristische Banden für (C=C)-, (C=O)- und (C-H)-Schwingungen. Die Bandenlagen der (C=C)- und (C=O)-Streckschwingungen ($1593cm^{-1}$, $1532cm^{-1}$ und $1465cm^{-1}$) sowie der (M-O)-Streckschwingungen ($687cm^{-1}$, $659cm^{-1}$ und $491cm^{-1}$) sind metallsensitiv **[Fehler! Textmarke**

nicht definiert.]. Alle restlichen Banden werden nicht durch das Metall beeinflußt. Daher stimmen die Spektren von Al(acac)$_3$ und (CH$_3$)$_2$Al(acac) in diesen Bandenlagen sehr gut überein.

Bei einem Vergleich der drei Spektren (Abb. 4.3) zeigen sich die typischen Bandenlagen für ein am Aluminium koordiniertes Acetylacetonat. Das bedeutet, das kein Pt(acac)$_2$ mehr nachweisbar ist.

Zusätzlich treten im **Pt-Kolloid 2** Banden auf, die mit denen des (CH$_3$)$_2$Al(acac) vergleichbar sind. Die (C-H)-Valenzschwingung bei 2926cm^{-1}, die (Al-CH$_3$)-Rockingschwingung bei 1200cm^{-1} und die antisymmetrische (Al-C)-Streckschwingung bei 690cm^{-1}.

Diese Schwingungen sind ein eindeutiger Beleg für noch vorhandene Al-CH$_3$-Gruppen im **Pt-Kolloid 2**.

Die Überlagerung aus (C-O)-Streck- und CH-Deformationsschwingung verschiebt sich vom Al(acac)$_3$ zum (CH$_3$)$_2$Al(acac) von 1465cm^{-1} zu 1431cm^{-1}. Im Pt-Kolloid wird ebenfalls ein zum (CH$_3$)$_2$Al(acac) äquivalenter Wert von 1436cm^{-1} beobachtet.

Interessant erscheint auch noch die Verschiebung der (C-H)-Deformations-schwingung (out of plane). Diese verändert sich vom Al(acac)$_3$ mit 771cm^{-1} zu 793cm^{-1} für das (CH$_3$)$_2$Al(acac). Dies deutet auf Veränderungen der Elektronendichte der CH-Gruppe des Acetylacetons hin. Im **Pt-Kolloid 2** wird ein Wert von 806cm^{-1} beobachtet, der aber durch eine Überlagerung mit der (Al-O-Al)-Streckschwingung zustande kommt [18]. Denn diese Bande hat im Kolloid wesentlich mehr Intensität und ist zudem sehr breit, wie es für Al-O-Al zu erwarten ist.

Im Kolloid sind noch weitere Banden enthalten, die in den Vergleichssubstanzen nicht vorkommen. Die bei 1696cm^{-1} dürfte der (C=O)-Streckschwingung eines nicht koordinierenden Acetylacetons entsprechen. Weiterhin auffallend sind die Banden bei 1331cm^{-1}, 1099cm^{-1} und 903cm^{-1}. Eine Erklärung dieser ist bisher nicht möglich.

Daher kann festgestellt werden, daß die Spektren des (CH$_3$)$_2$Al(acac) und des **Pt-Kolloid 2** sehr viele Übereinstimmungen haben. Eine Komponente der aluminiumorganischen Schutzhülle sollte das (CH$_3$)$_2$Al(acac) sein. Weiterhin scheinen Alumoxan-ähnliche Strukturelemente in dem Kolloid nachweisbar.

Zudem sind neben den koordinierenden Acetylacetoneinheiten wohl auch nicht koordinierende vertreten (Bande bei 1696cm^{-1}).

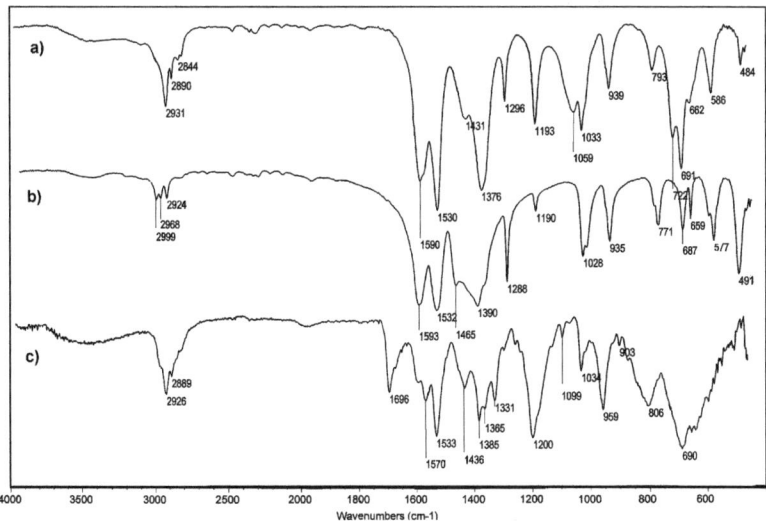

Abb. 4.3:   IR-Aufnahmen von a) $(CH_3)_2Al(acac)$, b) $Al(acac)_3$ und c) des **Pt-Kolloids 2**

Abbildung 4.4 zeigt die IR-Spektren nach der Modifizierung des **Pt-Kolloids 2** mit Brij 35® (Abb. 4.4 a)) und 1-Decanol (Abb. 4.4 b)). Zum Vergleich ist in Abb. 4.4 c) das Spektrum des **Pt-Kolloids 2** vor der Umsetzung dargestellt.

Die Reaktion des Kolloids ist an vier Banden des Spektrums gut zu verfolgen. Zum einen weisen die modifizierten Kolloide eine starke, breite Bande bei etwa $3460\,cm^{-1}$, die einer Hydroxylfunktion entspricht, auf. Weiterhin sind die Banden für die CH-Valenzschwingungen $(2930\,cm^{-1}\text{-}2853\,cm^{-1})$ gegenüber dem **Pt-Kolloid 2** wesentlich ausgeprägter.

Entscheidend sind die Veränderungen der Banden bei $1200\,cm^{-1}$ und $690\,cm^{-1}$ nach der Reaktion des **Pt-Kolloids 2**. Denn diese sind charakteristisch für die Existenz von $Al\text{-}CH_3$-Gruppen. Während im modifizierten **Pt-Kolloid 3** (Brij 35®) eine Reduzierung dieser Absorptionsbanden sichtbar ist, fehlen jene im Spektrum des modifizierten **Pt-Kolloids 3a** (1-Decanol) vollständig. Das bedeutet, daß die Zugabe von Molekülen mit Hydroxylfunktionen zu einer Reaktion mit den noch vorhanden $Al\text{-}CH_3$-Gruppen der aluminiumorganischen Hülle des **Pt-Kolloid 2** führt.

Die unvollständige Substitution der $Al\text{-}CH_3$-Absorptionsbanden des modifizierten **Pt-Kolloids 3** geht auf die Stöchiometrie der Reaktion zurück.

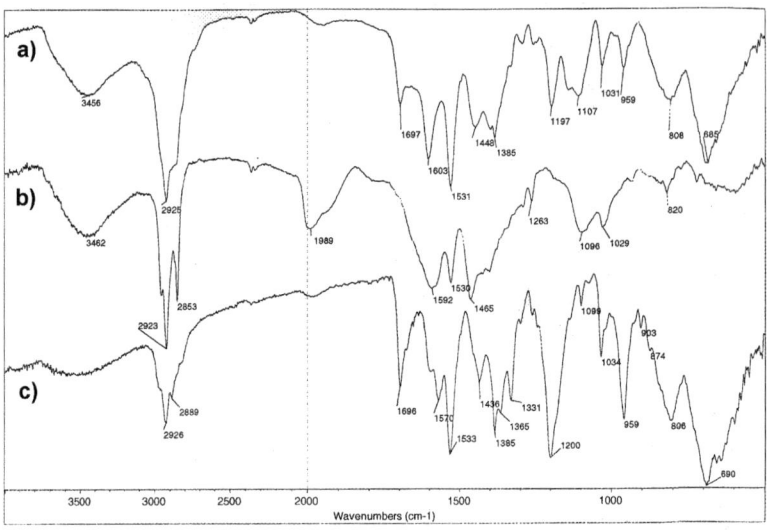

Abb. 4.4:   IR-Spektren von a) modifiziertes **Pt-Kolloid 3** (Brij 35®), b) modifiziertes **Pt-Kolloid 3a** (1-Decanol) und c) **Pt-Kolloids 2**

4.2.4   TEM-Untersuchungen

Die Partikelgröße der aluminiumorganisch stabilisierten Pt-Kolloide wurde mittels Transmissionselektronenmikroskopie untersucht. Die erhaltenen Partikelgrößen für die aluminiumorganischen Kolloide sind sehr klein und zeichnen sich durch eine sehr enge Partikelverteilung aus.

Auszählen von 229 Einzelpartikel ergibt eine mittlere Partikelgröße von 1,1 ± 0,4nm für das **Pt-Kolloid 2** (Abb. 4.5).

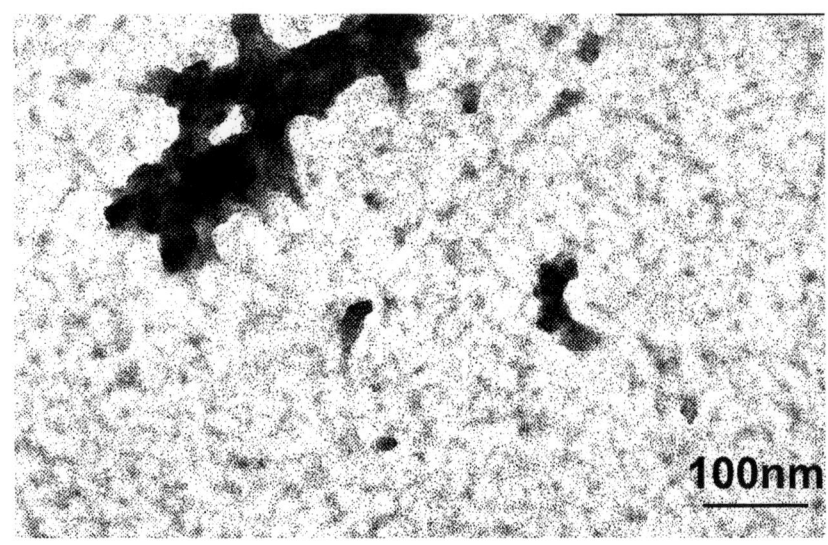

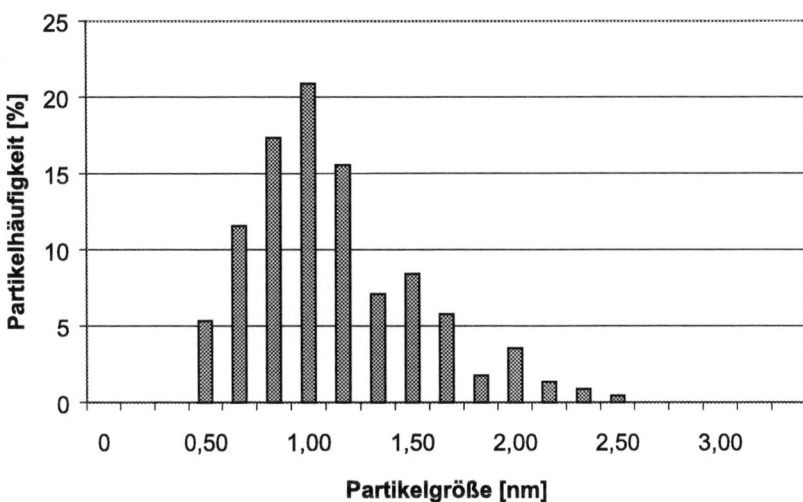

Abb. 4.5: TEM-Aufnahme (oben) und Partikelgrößenverteilung (unten) des **Pt-Kolloids 2**

Für das mit Brij 35® modifizierte **Pt-Kolloid 3** wird eine mittlere Partikelgröße von 1,2 ± 0,4nm erhalten (Abb. 4.6).

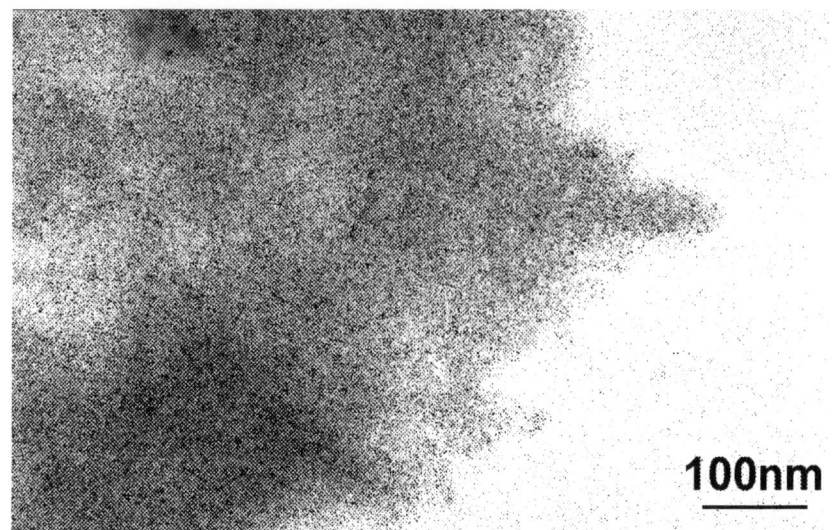

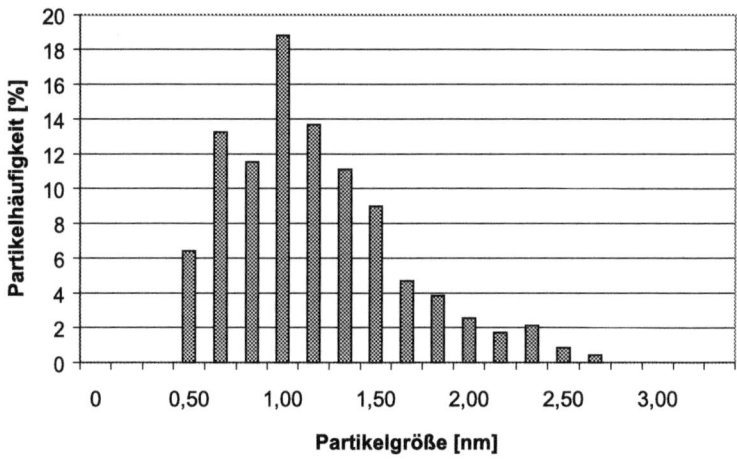

Abb. 4.6:   TEM-Aufnahme (oben) und Partikelgrößenverteilung (unten) des mit
              Brij 35® modifizierten **Pt-Kolloids 3**

Um die ermittelten Partikelgrößen für die aluminiumorganischen Kolloide einzuordnen, ist in Tabelle 4.1 die Änderung der Dispersion D und der Anzahl der Platinatome in einem Teilchen mit der Partikelgröße des Teilchens veranschaulicht. Für die Berechnung der Dispersion D wurde die folgende Formel verwendet [20]:

$$D = 6\left(\frac{r\,Pt}{r\,Par}\right) - 12\left(\frac{r\,Pt}{r\,Par}\right)^2 + 8\left(\frac{r\,Pt}{r\,Par}\right)^3$$

Gl. 4.1

r_{Pt}:   Pt-Atomradius = 0.134nm   [19]

r_{Par}:   mittlerer Partikelradius

Durchmesser der Pt(0)-Cluster [nm]	Anzahl der Platinatome	Platinober-fläche [Å^2]	Dispersion, D [%]
1	38	314	61,73
2	266	1257	35,73
2,5	490	1964	29,41
3	904	2827	24,88
4	2214	5027	19,14
8	17724	20106	9,92

Tab. 4.1:   Dispersion, Anzahl der Atome und Partikeloberfläche in Abhängigkeit von der Teilchengröße [21]

4.2.5   Ex situ XANES/EXAFS-Untersuchungen

Das **Pt-Kolloid 2** und das modifizierte **Pt-Kolloid 3** wurden hinsichtlich ihrer elektronischen und strukturellen Eigenschaften mit XANES und EXAFS-Messungen untersucht.
Die XANES/EXAFS-Messungen an der Pt-L$_{III}$-Kante erfolgten an den getrockneten Kolloidpulvern. Sie geben die elektronische Struktur, lokale Symmetrie und die Umgebung des Absorberatoms wieder. An der Pt-L$_{III}$-Kante wird der Übergang eines Elektrons aus dem 2p$_{3/2}$-Zustand in unbesetzte d-Bandzustände oberhalb des Fermi-Niveaus angeregt [22].
In den XANES-Spektren (Abb. 4.7) der beiden Pt-Kolloide treten keine nennenswerten Unterschiede zu einer Platinfolie auf. Im Vergleich zu der Pt-Referenzfolie zeigen die Pt-Kolloide eine gute Übereinstimmung der Lage des ersten Wendepunktes. Weiterhin stimmt die Höhe der Kantenresonanz („white line") gut mit der der Pt-Metallfolie überein. Dies deutet auf den metallischen Charakter der Pt-Kolloide hin.
Aufgrund der geringen Teilchengröße und der damit verbundenen Änderung der Struktur des 5d-Valenzbandes ist die Kantenresonanz geringfügig verbreitert und verschoben.

Der EXAFS-Bereich der Pt-Kolloide unterscheidet sich deutlich von der Referenzfolie. Die typischen Oszillationen (shape-Resonanzen) sind nicht zu erkennen. Dies beruht wahrscheinlich auf der geringen Teilchengröße der Pt-Kolloide. Bei 38 Atomen für ein 1nm Pt-Kolloidteilchen sind keine ausgeprägten Wechselwirkungen mit höheren Schalen zu erwarten.

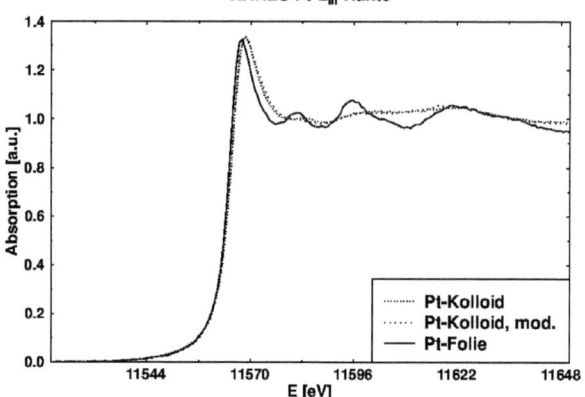

XANES Pt-L$_{III}$-Kante

Abb. 4.7: XANES-Spektrum an der Pt-L$_{III}$-Kante des **Pt-Kolloids 2** und des mit Brij 35® modifizierten **Pt-Kolloids 3**

Die zusätzlich angefertigten XANES-Spektren der Pt-L$_I$-Kante (Anregung in unbesetzte p-Bänder) zeigen ein ähnliches Bild. Kantenlage und -höhe stimmen sehr gut mit der Referenzfolie überein und dokumentieren den metallischen Charakter der Kolloide. Aufgrund der geringen Teilchengröße zeigen sich im Strukturbereich erneut (EXAFS) deutliche Differenzen. In Abb. 4.8 sind die Spektren der Pt-L$_I$-Kante abgebildet.

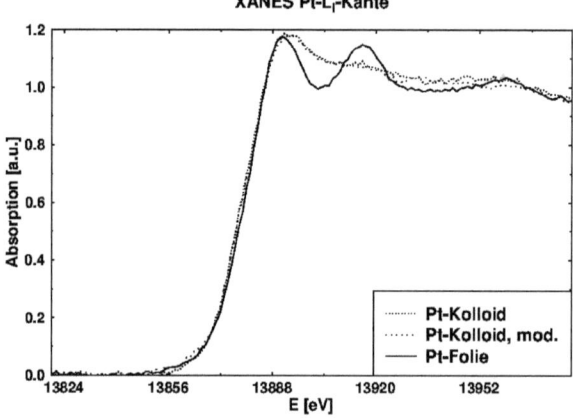

XANES Pt-L$_I$-Kante

Abb. 4.8: XANES-Spektrum an der Pt-L$_I$-Kante des **Pt-Kolloids 2** und des mit Brij 35® modifizierten **Pt-Kolloids 3**

Für die EXAFS-Auswertung der Messung an der Pt-L_{III}-Kante wird ein 2-Schalen-Fit mit Pt und C als Rückstreuer durchgeführt. Die Hinzunahme von Al führt zu keiner Verbesserung des Fit und O kann wegen seiner sehr ähnlichen Amplituden- und Phasenfunktionen von C nicht unterschieden werden. In Abbildung 4.9 ist die Fouriertransformierte der experimentellen und der gefitteten Funktion $\chi(k)$ dargestellt. Abb. 4.10 zeigt die experimentell bestimmte und die theoretisch angepaßte Funktion $\chi(k)$.

Die beiden senkrechten Linien in der Abbildung 4.10 begrenzen den angepaßten Bereich. Der kleine Buckel außerhalb des Fit rührt zum großen Teil von Abbrucheffekten des Spektrums her und entspricht nicht etwa einer höheren Schale.

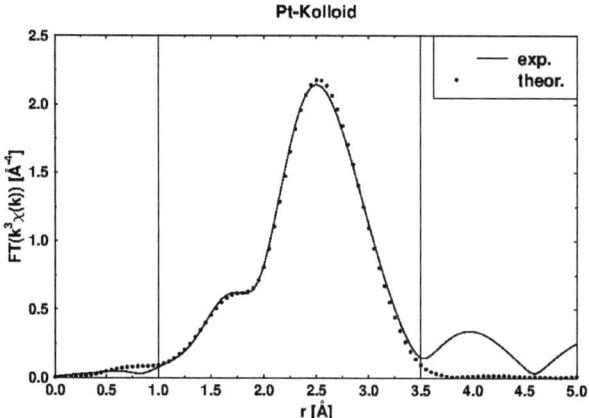

Abb. 4.9:   Experimentell bestimmte und die beste Anpassung der Fouriertrans-formierten der $\chi(k)$-Funktion des **Pt-Kolloids 2**

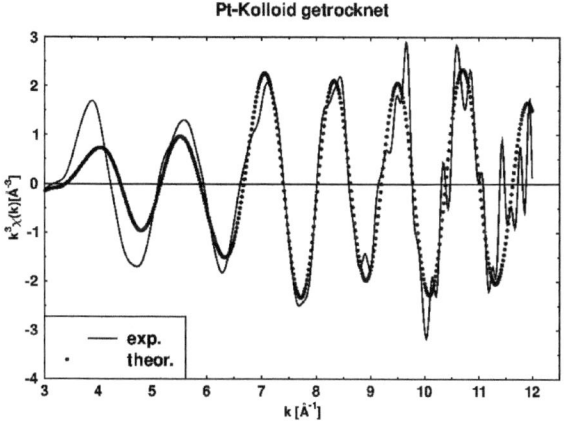

Abb. 4.10:   Experimentell bestimmte und die beste Anpassung der $\chi(k)$-Funktion des **Pt-Kolloids 2**

Der theoretische Fit wurde im r-Raum innerhalb der Begrenzungslinien durchgeführt und erklärt den mäßigen Fit der $\chi(k)$-Funktion, da dieser aus der Rücktransformation des Fit im r-Raum entsteht. Die Bindungslängen mit Pt bzw. C als Rückstreuer errechnen sich zu 2,71Å (Pt) und 2,12 Å (C). Im Vergleich zu fcc-Platin mit einem Abstand von 2,76 Å ergibt sich damit eine Gitterkontraktion, die auch bei EXAFS-Analysen Tensid-stabilisierter Pt-Kolloide gefunden wurde [23]. Aufgrund des eingeschränkten Fit im r-Raum lassen sich die Koordinationszahlen nicht genau bestimmen. Lediglich das Verhältnis der Koordinationszahlen zwischen Pt und C ([N(Pt)] / [N(C)]) von etwa 20 läßt sich angeben. Allerdings ist diese Zahl mit einem großen Fehler behaftet und eher als Trend zu werten.

4.2.6 Destraktionsversuche

Analog zu den tensidstabilisierten Pt-Kolloiden sollte auch für die aluminiumorganischstabilisierten Pt-Kolloide die Destraktion zur schonenden Entfernung der Schutzhülle angewendet werden. Für die Einstellung der Destraktionsbedingungen wurde eine Modellverbindung eingesetzt, da die tatsächliche Schutzhülle der aluminiumorganisch stabilisierten Pt-Kolloide nicht bekannt ist. Dabei wurde das mit Decanol modifizierte **Pt-Kolloid 3a** untersucht. Als Modellverbindung diente ein Dimethylaluminiumacetylacetonat, das mit 1-Decanol umgesetzt wurde. Diese Alkoxyverbindung kann bei 50°C und 300bar mit einem CO_2-Fluß von 1ml/min zu maximal 60% destrahiert werden. Die zurückbleibende Masse besteht aus oligo- und polymeren Alkoxyverbindungen des Aluminiums, die nicht destrahierbar sind. Die Anwendung dieser Extraktionsbedingungen auf das modifizierte **Pt-Kolloid 3a** führt zu keiner nennenswerten Entfernung der Schutzhülle. Bei 1,6g Kolloideinwaage konnten lediglich 48,5mg Destrakt erhalten werden. Eine Analyse des Destrakts zeigte zudem, daß es sich hauptsächlich um nicht umgesetztes Platinacetylacetonat (etwa 4-5% des Platins der Synthese) und Zersetzungsprodukte von Aluminiumacetylacetonat handelte.

Weitere Versuche, die Bedingungen der Destraktion zu variieren (Temperatur, Druck), brachten keine wesentlichen Verbesserungen der Destraktion. Auch das Einspeisen von Methanol (analog zu den tensidstabilisierten Kolloiden) bewirkte keine Ablösung der aluminiumorganischen Bestandteile. Die Versuche zur Entfernung der Schutzhülle mit $scCO_2$ mußten damit eingestellt werden.

4.3 Verlauf der aluminiumorganischen Umsetzung

4.3.1 In situ NMR-Untersuchungen

Die in situ ^{1}H- und ^{13}C-NMR-Untersuchungen sind in Zusammenarbeit mit Herrn F. Gassner vom Forschungszentrum Karlsruhe entstanden.

Die Reaktanden (1M Lösung von $Al(CH_3)_3$ in Hexan und $Pt(acac)_2$) werden unter inerten Bedingungen in ein NMR-Röhrchen eingefüllt. Dieses wird mit einem Pipettenhütchen und Kabelbinder fest verschlossen. Das Pipettenhüttchen wird dabei zusammengedrückt, um als Ausgleichsreservoir für gasförmige Produkte der Synthese zu dienen. Das so präparierte NMR-Röhrchen kann nun in das NMR-Spektrometer eingeführt und zu unterschiedlichen Zeitpunkten gemessen werden.

Abbildung 4.11 zeigt einen Ausschnitt (-1,4 – 0,8ppm) aus einer solchen in situ Messung der Umsetzung von $Al(CH_3)_3$ und $Pt(acac)_2$.

Dabei können drei Bereiche unterschieden und diskutiert werden. Die Signale zwischen -0,2ppm und -0,7ppm entsprechen den Protonen der Methylgruppen des Trimethylaluminiums. Reines Trimethylaluminium weist bei Raumtemperatur ein Signal bei -0,3ppm auf.

Das erste Spektrum nach 5min Reaktionszeit zeigt ein großes Signal bei -0,65ppm, ein kleines Signal bei -0,33ppm und dazwischen einen Wald von Signalen mit geringer Intensität. Die Verhältnisse der beiden Signale bei -0,33ppm und -0,65ppm zueinander kehren sich im Verlauf der Synthese um, bis nach 8 Tagen das Signal bei -0,65ppm kaum noch zu erkennen ist.

Von reinem Trimethylaluminium ist bekannt, daß bei einer Erniedrigung der Temperatur (-50°C) das Signal der Protonen der Methylgruppen infolge einer Dimerisierung in terminale und verbrückende CH_3-Gruppen aufgespalten wird. Das Signal der terminalen CH_3-Gruppen wird dabei bei einer Verschiebung von -0,65ppm beobachtet.

Die Protonen des Signals bei -0,65ppm korrelieren mit einem Signal des ^{13}C-Spektrums bei -8,8ppm. Dies deutet eindeutig auf Methylgruppen mit Aluminium als Bindungspartner hin.

Die Zuordnung der beiden Signale im ^{1}H-Spektrum bei etwa 0,2ppm dagegen ist ungeklärt. Beide sind zu Beginn der Synthese relativ ausgeprägt und verlieren in deren Verlauf deutlich an Intensität. Das Signal bei 0,25ppm zeigt eine Korrelation zu einem schwachen Signal bei 0,1ppm im ^{13}C-Spektrum.

Das Kopplungsmuster bei 0,5ppm ist dagegen relativ eindeutig. Es ist ein Triplett zu erkennen das von zwei weiteren Tripletts, mit geringer Intensität, umgeben ist. Dieses Kopplungsmuster gewinnt im Verlauf der Synthese an Intensität und nimmt dann nach 8,5h Reaktionszeit wieder ab.

Die jeweils höchste Intensität innerhalb eines Tripletts entspricht dem nicht koppelnden Anteil des Platins (66,2%). Damit bleibt als Kopplungsmuster ein Dublett von Dubletts. Dieses Kopplungsmuster kann nur durch die Existenz eines Pt-Pt-CH₃-Fragments erklärt werden. Dies könnte bedeuten, daß die Kolloidbildung über einen zweikernigen Platinkomplex verläuft.

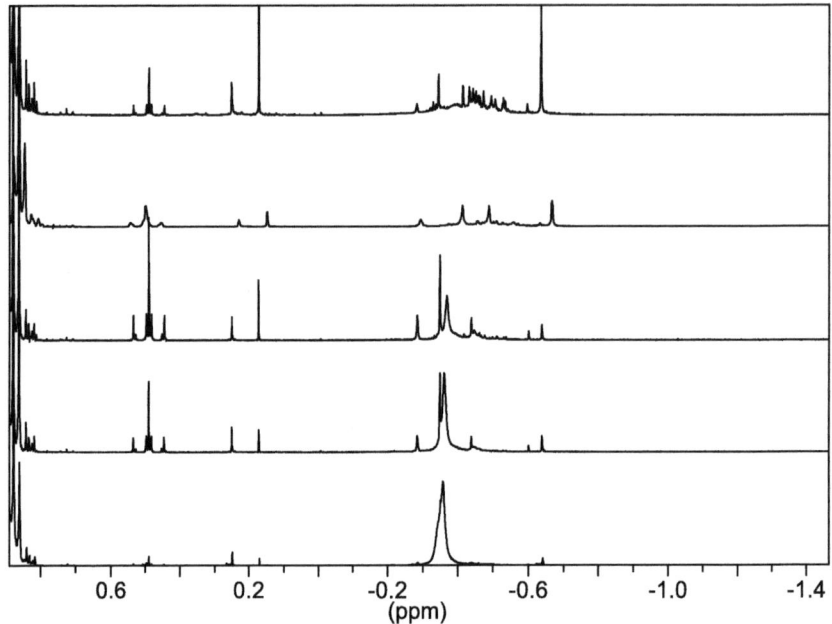

Abb. 4.11:   Verlauf der Umsetzung von $Al(CH_3)_3$ mit $Pt(acac)_2$ in der ^{1}H-NMR-Spektroskopie (Ausschnitt von -1,4 - 0,8ppm)

In dem Bereich von 2,8 - 5,4ppm tritt ein Signal bei 3,08ppm mit einer hohen Intensität auf. Dieses Signal im ^{1}H-NMR korreliert mit einem Signal bei 50ppm im ^{13}C-Spektrum. Die Verschiebungen stehen in Übereinstimmung mit einem Methylether. Das heißt, während der Synthese wird eine Methylgruppe auf eine Hydroxylfunktion des Acetylacetons übertragen. Dies erklärt die überstöchiometrische Menge an Aluminiumtrimethyl, die bei der Umsetzung mit Platinacetylacetonat benötigt wird.

Des weiteren sind eine Vielzahl von Signalen mit geringer Intensität zu erkennen. Das Signal im Protonenspektrum bei 4,6ppm korreliert mit einer Verschiebung von 103ppm im ^{13}C-NMR. Damit dürfte es sich hierbei um das Proton bzw. den Kohlenstoff der CH-Gruppe des Acetylacetons handeln. In Dimethylaluminum-acetylacetonat werden z. B. Verschiebungen von 5,05ppm und 102ppm beobachtet.

Alle weiteren Signale sind von ihrer Intensität oder wegen der schwachen Korrelation mit den ^{13}C-Signalen nicht eindeutig zuzuordnen.

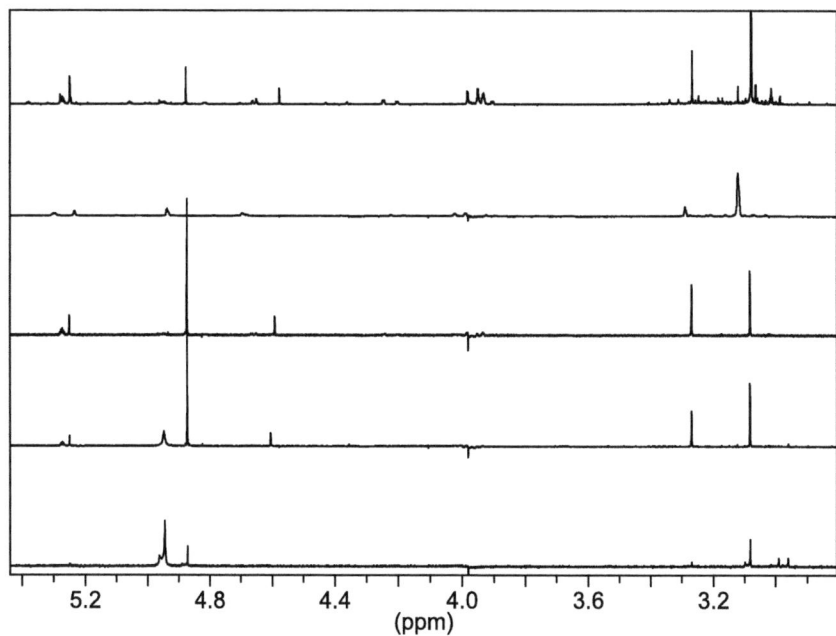

Abb. 4.12:   Verlauf der Umsetzung von Al(CH$_3$)$_3$ mit Pt(acac)$_2$ in der ^{1}H-NMR-Spektroskopie (Ausschnitt von 2,8 - 5,4pp<m)

Ein Vergleich mit GC/MS-Untersuchungen nach der Synthese zeigt, daß die Reaktion des Al(CH$_3$)$_3$ mit Pt(acac)$_2$ aus einer Vielzahl von Reaktionen und Folgereaktionen besteht.

So konnten in der GC/MS-Analyse neben Alkylierungsprodukten auch die der Zersetzung des Acetylacetons beobachtet werden. Es sind 4-Hydroxy-4-Methyl-2- Pentanon, i-Butan, 2-Pentanol, 2-Methylpentan und 2,4-Dimethylpentan nachweisbar. Allerdings sind die Konzentrationen dieser Stoffe sehr gering.

Eine weitere Schwierigkeit bei der Auswertung der NMR-Spektren ist die geringe Anzahl von Kopplungen. Durch die Sauerstoff- und Aluminiumspezies sind in dem untersuchten System kaum Kopplungen zu erkennen, die eine eindeutige Identifikation der Reaktionsprodukte zulassen. Weiterhin muß die Synthese hinreichend verdünnt sein, damit nicht sofort metallisches Platin ausfällt.

All diese Gründe erschweren die Beobachtung der Reaktion von Al(CH$_3$)$_3$ mit Pt(acac)$_2$ mittels NMR-Spektroskopie.

4.3.2   In situ XANES-Untersuchungen

Die in situ XANES-Untersuchung ist an der Pt-L_{III}-Kante durchgeführt worden, um die Reduktion des Platins während der Synthese zu verfolgen. Für die Messung stand eine Flüssigzelle zur Verfügung, die in einer Glovebox mit dem Reaktionsgemisch befüllt worden ist. Nach dem Versiegeln wird die Zelle ausgeschleust und in den Strahlengang des Gerätes eingebaut. Anschließend werden im Rhythmus von etwa 5 Minuten (Meßdauer eines Spektrums) die Messungen durchgeführt.

Abbildung 4.13 zeigt die erhaltenen XANES-Spektren der in situ Messung der Umsetzung von $Pt(acac)_2$ mit $Al(CH_3)_3$ bis zu einer Meßzeit von 1:18h.

Als oberstes Spektrum ist die Messung von $Pt(acac)_2$ in Toluol gezeigt. Diese diente als Startpunkt. Die Zelle wird nach dieser Messung erneut in die Glovebox transferiert und die toluolische Lösung des $Pt(acac)_2$ mit Trimethylaluminium versetzt. Dabei wird eine Stöchiometrie analog zur Kolloidpräparation von 4:1 gewählt. Anschließend wird die Probe erneut in den Strahlengang eingebaut und die Reaktion verfolgt.

Die Kantenresonanz nimmt während der Messung deutlich ab und erreicht nach 1:18h einen konstanten Wert, der sich auch nach weiteren 18h nicht mehr ändert. Das Abnehmen der Kantenresonanz ist ein deutliches Anzeichen für einen Reduktionsprozeß. Allerdings wird die Kantenlage und -höhe der Platinfolie, die als Referenz gemessen wird, nicht erreicht. Mit der Abnahme ist auch eine Verbreiterung der Kantenresonanz zu verzeichnen. Um die Daten der in situ Messung zu verifizieren sind weitere ex situ Messungen durchgeführt worden. Abbildung 4.14 zeigt die Messung von $Pt(acac)_2$, gelöst in Toluol und als Pulver, im Vergleich zu einer Platinfolie und des ersten Spektrums der in situ Synthese. Zwischen den $Pt(acac)_2$-Spektren und des Spektrums der in situ Synthese nach 2min ist kein wesentlicher Unterschied in der Kantenresonanz festzustellen. Dagegen hebt sich die Platinfolie deutlich ab. Hier ist die Kantenresonanz wesentlich geringerer ausgeprägt

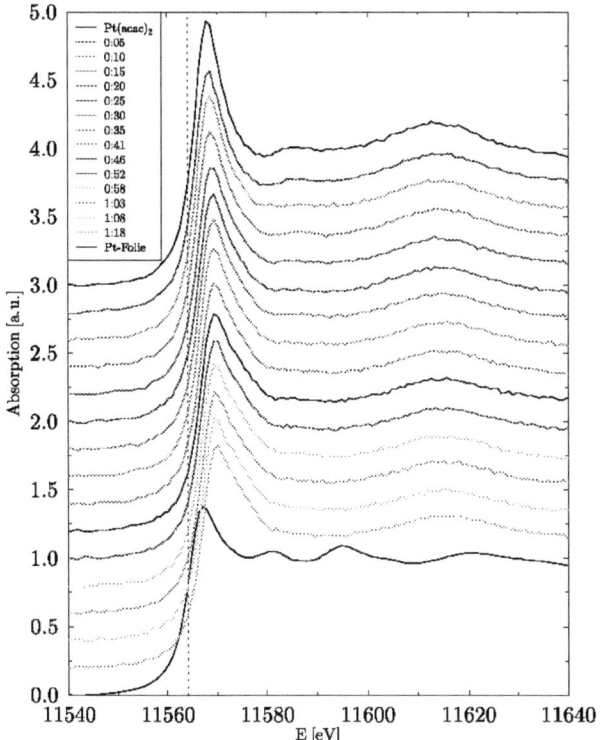

Abb. 4.13: In situ XANES-Spektren der Umsetzung von Pt(acac)$_2$ mit Al(CH$_3$)$_3$

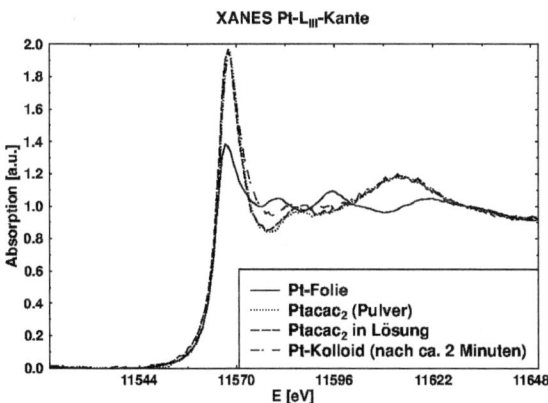

Abb. 4.14: XANES-Spektren von Pt(acac)$_2$ und der Kolloidsynthese nach 2min

Die Diskrepanz der Kantenlage und -höhe zwischen der in situ Synthese nach 1:18h und der Platinfolie ist ungewöhnlich, da die ex situ Messung für das **Pt-Kolloid 2** keine wesentlichen Unterschiede zur Platinfolie aufwies.

Um diesen Umstand zu klären, werden die Spektren eines Pt-Kolloids nach verschiedenen Aufarbeitungsstufen in ex situ Messungen miteinander verglichen. Dies ist in Abbildung 4.15 zu sehen. Hier werden die XANES-Spektren einer Platinfolie, eines frisch präparierten Pt-Kolloids in Toluol (gelöstes Kolloid), eines im Hochvakuum getrockneten Pt-Kolloids (getrocknet) und eines getrockneten Pt-Kolloids, in Toluol redispergiert (getrocknet, redispergiert), miteinander verglichen. Alle diese Pt-Kolloide stammen aus einem Ansatz und unterscheiden sich nur in ihrer Aufarbeitung.

Dabei unterscheiden sich die Spektren des getrockneten Pt-Kolloidpulvers und der Platinfolie in Lage und Höhe der Absorptionskante nicht. In den Spektren des in Toluol gelösten und des getrockneten, in Toluol redispergierten Pt-Kolloids ist erneut der Unterschied in Kantenlage und -höhe zu erkennen. Dies kann nur auf eine Wechselwirkung mit dem Lösemittel zurückgeführt werden, da alle anderen Parameter unverändert blieben.

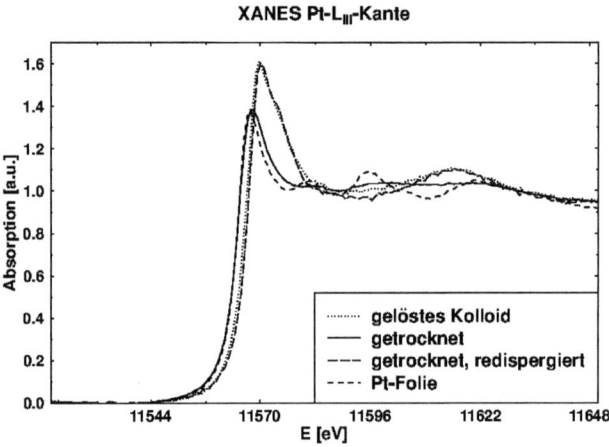

Abb. 4.15: Ex situ XANES-Messungen eines aluminiumorganisch hergestellten Pt-Kolloids nach unterschiedlichen Aufarbeitungen

4.4 Synopse zu 4

Ein Vergleich der IR-Spektren von $(CH_3)_2Al(acac)$, $Al(acac)_3$ mit dem des **Pt-Kolloids 2** zeigt, daß das Kolloid typische Banden für ein an Aluminium koordiniertes Acetylacetonat aufweist.

Weiterhin ist unkoordiniertes Acetylaceton zu erkennen. Banden für Al-CH$_3$-Gruppen im **Pt-Kolloid 2** belegen die Al-CH$_3$-Reaktivität der aluminiumorganischen Hülle.

Die Umsetzung der Al-CH$_3$-Gruppen im **Pt-Kolloid 2** mit Decanol oder Polyethylenglykol-dodecylether erzeugt in den Spektren der modifizierten Kolloide OH-Banden und eine wesentliche Verstärkung der CH-Valenzschwingungen.

Die erhaltenen mittleren Durchmesser für **Pt-Kolloid 2** und modifiziertes **Pt-Kolloid 3** betragen laut TEM 1,1 ± 0,4nm und 1,2 ± 0,4nm und weisen eine sehr enge Verteilung auf.

Ex situ XANES-Spektroskopie an der Pt-L$_I$- und Pt-L$_{III}$-Kante zeigt eine Kantenresonanz, die einer Pt-Metallfolie ähnelt. Lage und Höhe der Kantenresonanz stehen mit einem nullwertigen Platin im Einklang. Die EXAFS-Spektroskopie ist aufgrund der geringen Teilchengröße und einer geringen Kristallinität als qualitativ auszuwerten. Die Pt-Pt-Abstände von 2,71Å lassen eine Gitterkontraktion erkennen, die bereits für tensidstabilisierte Pt-Kolloide gefunden wurde.

In situ NMR-Spektroskopie belegt das Vorliegen eines binuklearen Platinkomplexes mit einer Pt-Methylgruppe. Dies steht in Übereinstimmung mit den Formulierungen von Pasynkiewicz [5], der eine Methylgruppenübertragung vom Aluminiumalkyl auf das Co im Falle von Co(acac)$_3$ und Al(CH$_3$)$_3$ vorschlug. Dieser binukleare Pt-Komplex könnte eine Vorstufe der Kolloidbildung bei der Umsetzung von Pt(acac)$_2$ mit Al(CH$_3$)$_3$ sein. Folge- bzw. Nebenreaktionen zwischen Al(CH$_3$)$_3$ mit dem Acetylacetonatresten bedingen einen überstöchiometrischen Verbrauch an Aluminiumalkyl. Im Vordergrund steht die Bildung eines Methylethers, aber auch Alkylierungsreaktionen sind nachweisbar.

Mittels in situ XANES-Spektroskopie konnte die aluminiumorganische Kolloidsynthese beobachtet werden. Hier zeigte sich, daß der Reduktionsvorgang bei Raumtemperatur nach 1:18h abgeschlossen ist. Die während der Synthese ermittelte Kantenresonanz ist mit der des Referenzspektrums einer Platinmetallfolie nicht ganz identisch. Die während der in situ Synthese vermessene Kantenresonanz zeigt eine wesentliche Verbreiterung sowie eine deutliche Verschiebung.

Als Pulver isolierte Kolloide weisen diese Unterschiede zur Platinfolie nicht auf. Werden diese jedoch in Toluol redispergiert vermessen, so werden ähnliche XANES-Spektren erhalten, wie in situ. Die Ursache für diesen „Lösungsmittel-Effekt" ist bisher unklar, denn vergleichbare Lösemitteleffekte sind in der Literatur bisher unbekannt.

4.5   Literatur zu 4

[1]   K. Ziegler, H.G. Gellert, E. Holzkamp, G. Wilke, Brennstoff-Chem. **35**, 321 (1954)

[2]   K. Ziegler, Angew. Chem. **67**, 541 (1955)

[3]   M.F. Sloan, A.S. Matlack, D.S. Breslow, J. Am. Chem. Soc. **85**, 4014 (1963)

[4]   S.J. Lapporte, W.R. Schuett, J.Org. Chem. **28**, 1947 (1963)

[5]   W.R. Kroll, US Patent 3323902, (1967)

[6]   Y. Takegami, T. Ueno, T. Fuji, Bull. Chem. Soc. Jpn. **42**, 1663 (1969)

[7]   R. Giezynski, S. Pasynkiewicz, Condensed translation of Prezemysl Chemiczny **52**, 746 (1973)

[8]   S. Pasynkiewicz, A. Pietrzykowski, K. Dowbor, J. Organometal. Chem. **78**, 55 (1974)

[9]   J. Barrault, M. Blanchard, A. Derouault, M. Ksibi, M.I. Zaki, J. Mol. Cat. **93**, 289 (1994)

[10]   a)   J.S. Bradley,J.M. Millar, E. Hill, S. Behal, B. Chaudret, A. Duteil, Faraday Discuss. **92**, 255 (1991)

         b)   J.S. Bradley, E.W.Hill, US Patent 4857492, (1989)

         c)   J.S. Bradley, J. Millar, E.W. Hill, M. Melchior, Novel Materials in Heterogenous Catalysis, Ed. R.T.K. Baker, L.L. Murrell, ACS Symposium Series 437, Miami Beach Florida, 160 (1989)

[11]   J.S. Bradley, J.M. Millar, E.W. Hill, S. Behal, J. Cat. **129**, 530 (1991)

[12]   A. Duteil, G. Schmid, W. Meyer-Zaiker, J Chem. Soc., Chem. Commun., 31 (1995)

[13]   C. Melches, Diplomarbeit, Universität Gesamthochschule Essen (1996)

[14]   W. Wittkolt, Dissertation, RWTH Aachen (1996)

[15]   C. Scholzen, Diplomarbeit, Universität Gesamthochschule Essen (1997)

[16]   H. Bönnemann, W. Brijoux, R. Brinkmann, Patent DEA 19821968.7 (1998), PCT/EP 99/03319 (1999)

[17]   K. Nakamoto. P.J. McCarthy, A. Ruby, A.E. Martell, J. Am. Chem. Soc. **83**, 1066 (1961)

[18]   A. Storr, K. Jones, A.W. Laubenberger, J. Am. Chem. Soc. 90, 3173 (1968)

[19]   Hollemann-Wiberg, 91-100 Auflage, W. de Gruyter, 134 (1985)

[20]   M. Kahlich, Diplomarbeit, Universität Ulm (1996)

[21]   Kristallstruktur von Pt: Raumgruppe Fm3m (no. 225), a = 3,9329Å, Pt (0,0,0)

[22]   D.C. Koningsberger, R. Prins, X-Ray Absorption, Principles, Applications, Technics of EXAFS, SEXAFS and XANES, Wiley Interscience Publication USA (1988)

[23]   J. Rothe, Dissertation, Universität Bonn (1996)

5 CO-tolerante Brennstoffzellenkatalysatoren auf Basis von Pt/Ru-Kolloiden

5.1 Allgemeines

5.1.1 Brennstoffzellen für mobile Anwendungen

Eine Gesetzesnovelle des amerikanischen Bundesstaates Kalifornien, der „Clean Air Act", fordert ab dem Jahr 2004 von allen Automobilherstellern den Absatz einer Quote emissionsfreier Automobile in Kalifornien. Die Suche nach alternativen Antriebskonzepten wurde deshalb in den letzten Jahren von den Automobilherstellern intensiviert [1]. Aufgrund der kurzen Zeitspanne und dem Mangel an weiteren wirtschaftlichen Möglichkeiten (z. B. Batteriebetrieb) wird gegenwärtig als Alternativ-Antrieb zu den herkömmlichen Verbrennungsmotoren das schon seit langem bekannte Konzept der Brennstoffzelle favorisiert [2]. Als Brennstoff dient Wasserstoff, der in einer kontrollierten, elektrochemischen Reaktion „kalt" (bei Temperaturen unter 100°C) mit Sauerstoff zu Wasser umgesetzt wird. Die elektrische Energie dieser Reaktion entsteht unter hohen Wirkungsgraden und ohne Schadstoffemission. Gekoppelt mit einem Elektromotor steht somit ein alternativer Antrieb zur Verfügung. Für mobile Anwendungen hat sich die PEMFC (**P**olymer **E**lectrolyte **M**embrane **F**uel **C**ell) als beste Lösung erwiesen. Zwei Betriebsarten dieser PEMFC werden zur Zeit für den Automobilbetrieb diskutiert: die indirekte Methanolbrennnstoffzelle (IMFC, **I**ndirect **M**ethanol **F**uel **C**ell) und die Direktmethanol-Brennstoffzelle (DMFC, **D**irect **M**ethanol **F**uel **C**ell) [3]. In der PEMFC erfolgt an der Anode die elektrochemische Umsetzung von Wasserstoff, an der Kathode die Umsetzung des Sauerstoffs. Als Gesamtreaktion ergibt sich die Umsetzung von H_2 und O_2 zu H_2O bei einer Zellspannung von 1,23V [4]. Um eine Mischpotentialbildung zu vermeiden, werden die beiden Reaktionsräume durch eine protonenleitende Membran getrennt. Die wenige zehntel Millimeter dicke Membran besteht aus Polytetrafluorethylen (Handelsname der Membran: Nafion). Die Protonenleitung der Membran entsteht durch eine Modifizierung mit anionischen Sulfonsäuregruppen [5].

Auf beiden Seiten der Membran befindet sich je eine Katalysatorschicht und eine gasdurchlässige Elektrode. Um eine effiziente, elektrochemische Umsetzung zu erhalten, müssen Katalysatoren verwendet werden. Für die Oxidation von reinem Wasserstoff hat sich die Verwendung von Platin auf einem porösen und leitfähigen Kohlenstoff bewährt. Eine solche Anordnung von Membran, Katalysator und Elektrode wird als MEA (**M**embrane **E**lectrode **A**ssembly) bezeichnet.

In Abb. 5.1 (links) ist das Prinzip einer Brennstoffzelle schematisch dargestellt. Der eingezeichnete Elektrolyt ist die zuvor erwähnte Nafion-Membran. Die Elektroden werden mit den gasförmigen Reaktanden (H_2 Anode, O_2 Kathode) versorgt. Zudem ist der modulare Aufbau eines Brennstoffzellenstapels mit Bipolarplatte, Anode, Elektrolyt, Kathode und einer weiteren Bipolarplatte deutlich zu erkennen (Abb. 5.1 rechts).

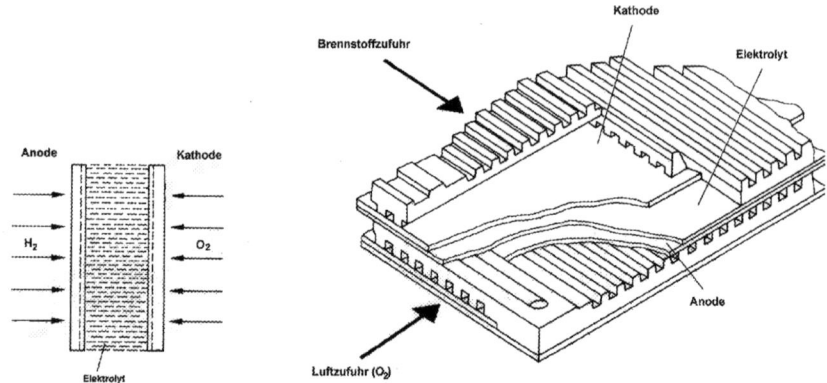

Abb. 5.1: Schematische Darstellung einer Brennstoffzellen-Einheit (links) und modularer Aufbau eines Brennstoffzellensegments (rechts)

Die aus Graphit oder Edelstahl gefertigten Bipolarplatten erfüllen dabei mehrere Aufgaben [6]. Ein integriertes Gasverteilungssystem versorgt den Anoden- bzw. den Kathodenraum mit den gasförmigen Reaktanden. Zudem stellen die Bipolarplatten die elektrische Verbindung zwischen benachbarten Zellen her und sorgen schließlich für die Wärmeabfuhr der einzelnen Zellen.

5.1.2   IMFC (Indirect Methanol Fuel Cell)

Während die Kathode mit Luft betrieben werden kann, stellt die Bereitstellung des Wasserstoffs für die Anodenreaktion ein Problem der PEMFC dar [7]. Die Energiedichte der heutigen Wasserstoffspeicher auf Basis von Metallhydriden ist zu gering. Ein Tank mit flüssigem Wasserstoff bietet zwar eine gute Energiedichte, aber die dafür notwendigen Bedingungen von −250°C und 4bar Druck mindern zum einen den Wirkungsgrad des kompletten Systems und stellen des weiteren ein nicht unbeträchtliches Gefahrenpotential (z.B. bei der Betankung) dar [8].

Ein Weg zur Vermeidung von Wasserstofftanks ist die Wasserdampfreformierung von Methanol. In einem der Brennstoffzelle vorgeschalteten Konverter wird der Wasserstoff nach Gl. 5.1 direkt im Fahrzeug produziert [9].

$$CH_3OH + H_2O \longrightarrow CO_2 + 3H_2 \qquad Gl. 5.1$$

Die Reaktion läuft bei 250-300°C an Cu-ZnO-Katalysatoren ab. Aufgrund des Wassergas-Gleichgewichts stellt sich im Produktgasstrom nach Gl. 5.2 immer auch eine ca. 1%ige Verunreinigung mit CO ein [10].

$$CO_2 + H_2 \longrightarrow CO + H_2O \qquad Gl. 5.2$$

Kohlenmonoxid vergiftet durch starke Chemisorption an der Platinoberfläche die aktive Katalysatorschicht und verursacht damit ein Überpotential an der Anode [11], das zu erheblichen Leistungseinbußen der Zelle führt. Lösungen dieses Problems sind die Gasreinigung durch eine selektive Oxidation von CO und die Verwendung von CO toleranten Anodenkatalysatoren [12]. Die Gasreinung erfolgt als nachgeschaltetes System und erlaubt die Reduzierung des CO auf unter 100ppm. Probleme für die Umsetzung in die Praxis bereiten der dynamische Betrieb der CO-Reinigung und der Platzbedarf des Systems [3]. Die Verwendung von reinem Platin als Katalysatormaterial ist jedoch trotz Gasreinigung nicht möglich, da die CO-Konzentration noch immer zu hoch ist. Dagegen zeigen Legierungen von Platin mit anderen Metallen wie Ru, Mo, W, und Sn [13-16] in elektrochemischen Messungen deutlich erhöhte CO-Toleranzen und senken das Überpotential auf ein akzeptables Maß.

5.1.3   DMFC (Direct Methanol Fuel Cell)

Die Direktmethanol-Brennstoffzelle ist eine weitere Möglichkeit Brennstoffzellen-Systeme zu realisieren. Hierbei wird das Methanol direkt an der Anode einer PEM-Brennstoffzelle oxidiert. Der Aufbau der Zelle entspricht im Prinzip dem der IMFC. Die Verwendung von Methanol führt jedoch zu erheblichen Problemen. Die heutigen Membranmaterialien sind auf Dauer gegen Methanol nicht resistent. Bisher sind keine Membranen bekannt, die eine Diffusion des Methanols („Crossover") von der Anode zur Kathode verhindern [17]. Das zur Kathode diffundierende Methanol führt zur Bildung eines Mischpotentials, das in einem raschen Leistungsabfall sichtbar wird und schließlich zu einem Kurzschluß der Zelle führt. Methanol ist unter den Bedingungen der Brennstoffzelle stark korrosiv. Deshalb wird in der Literatur auch die Oxidation von Kohlenwasserstoffen diskutiert [18]. Stand der Forschung ist bisher allerdings immer noch die direkte Oxidation von Methanol.

In Gleichung 5.3 ist die Anodenreaktion der elektrochemischen Umsetzung von Methanol dargestellt:

$$CH_3OH + H_2O \longrightarrow CO_2 + 6H^+ + 6e^- \qquad Gl.\ 5.3$$

Die Dehydrierung des Methanols findet in mehreren Stufen statt. Die folgenden Oberflächenspezies werden in der Literatur diskutiert (Gl. 5.4 – Gl. 5.8) [17]:

$$Pt + CH_3OH \longrightarrow Pt\text{-}(CH_3OH)_{ads} \qquad Gl.\ 5.4$$

$$Pt\text{-}(CH_3OH)_{ads} \longrightarrow Pt\text{-}(CH_3O)_{ads} + H^+ + e^- \qquad Gl.\ 5.5$$

$$Pt\text{-}(CH_3O)_{ads} \longrightarrow Pt\text{-}(CH_2O)_{ads} + H^+ + e^- \qquad Gl.\ 5.6$$

$$Pt\text{-}(CH_2O)_{ads} \longrightarrow Pt\text{-}(CHO)_{ads} + H^+ + e^- \qquad Gl.\ 5.7$$

$$Pt\text{-}(CHO)_{ads} \longrightarrow Pt\text{-}(CO)_{ads} + H^+ + e^- \qquad Gl.\ 5.8$$

Dabei findet nach der Adsorption von Methanol auf der Platinoberfläche eine schrittweise Dehydrierung bis zu einer adsorbierten CO-Spezies statt. Diese führt wie bei der IMFC zu einer Vergiftung des Katalysators. Anders als bei der mit Reformat-H_2 betriebenen IMFC ist eine Vorreinigung nicht möglich, da das Katalysatorgift erst in situ am Katalysator gebildet wird.

Um eine Vergiftung des Platins zu verhindern, werden analog zu der mit Reformat-Wasserstoff betriebenen PEMFC Legierungen oder Zuschläge von oxophileren Zweitmetallen favorisiert. Diese meist unedleren Metalle besitzen im Gegensatz zu Platin die Fähigkeit bei Potentialen unter 0,4V Wasser zu adsorbieren (Gl. 5.9) [19]. Diese oxidischen Adsorbate können mit den beweglichen, adsorbierten Carbonylspecies auf der Legierungsoberfläche nach Gleichung 5.10 abreagieren:

$$M + H_2O \longrightarrow M\text{-}(H_2O)_{ads} \qquad Gl.\ 5.9$$

$$Pt\text{-}(CO)_{ads} + M\text{-}(H_2O)_{ads} \longrightarrow Pt + M + CO_2 + 2H^+ + 2e^- \qquad Gl.\ 5.10$$

Durch Nebenreaktionen werden noch weitere Oberflächenadsorbate gebildet (Carboxylate, Aldehyde). So enthält der Produktgasstrom der DMFC auch geringe Mengen an Formaldehyd und Ameisensäure.

Neben PtRu sind weitere binäre Legierungen des Platins mit Sn, Rh und Re [20,21,22] sowie ternäre (Pt/Ru/Os [23], Pt/Ru/Rh, Pt/Ru/WO$_2$ [24], Pt/Ru/Sn [25]) und sogar quaternäre (Pt/Ru/Sn/W [26]) Legierungen als aktive Brennstoffzellen-Katalysatoren in der DMFC getestet worden. Um die Suche nach möglichen Katalysatoren zu rationalisieren wendeten Smotkin und Mallouk kombinatorische Methoden an, um ternäre und quaternäre Katalysatorsysteme zu testen [27]. Unter den gewählten Reaktionsbedingungen zeigte eine quaternäre Pt/Ru/Os/Ir-Legierung die größte Aktivität.

5.1.4   Zielsetzung

Der Einsatz von Legierungskatalysatoren in der PEM (DMFC oder IMFC) erweist sich gegenüber reinem Platin als vorteilhaft. Diese Beobachtung wird auf zwei verschiedene Eigenschaften der Legierungen zurückgeführt. Legierungen des Platins mit einem oxophileren Zweitmetall erlauben die Adsoprtion von Wasser bei wesentlich niedrigeren Potentialen im Vergleich zu Platin. Wie bei der DMFC beschrieben, reagieren adsorbiertes H_2O und CO auf der Katalysatoroberfläche zu CO_2 und H_2 ab. Eine weitere Erklärung für die gesteigerte CO-Toleranz könnten die elektronischen Veränderungen durch die Legierungsbildung des Platins mit den Zweitmetallen bzw. Mehrmetallen darstellen. Die Legierung mit elektronenärmeren Metallen wie Sn, Re, Mo und Ru modifiziert die Elektronendichte des Platin d-Bands und schwächt damit die Pt-CO-Bindung. Hieraus resultiert eine erhöhte Reaktivität der adsorbierten CO-Species auf Legierungskatalysatoren gegenüber reinen Platinkatalysatoren.

Ziel der heutigen Katalysatorforschung für beide Systeme (DMFC und IMFC) ist die Entwicklung von CO-toleranteren Katalysatoren, um die immer noch zu hohen Überpotentiale der Wasserstoff- bzw. Methanoloxidation auf der Anodenseite auf etwa 0,1V zu senken. Dabei wird (neben der Legierungsbildung) auch eine möglichst hohe Dispersion der Katalysatorpartikel angestrebt, um die Aktivität zu steigern.

Eine Möglichkeit zur Erzeugung von Brennstoffzellen-Katalysatoren ist der Einsatz von Metallkolloiden auf handelsüblichen Trägermaterialien. Die Forderungen an aktive und CO tolerante Brennstoffzellenkatalysatoren (nämlich bimetallische Partikel mit hoher Dispersion) sind bei Metallkolloidkatalysatoren gewährleistet. Die guten Ergebnisse mit kolloidalen PtRu[N(Oct)$_4$Cl]-Katalysatoren [28] und der Hinweis aus der Patentliteratur über vorteilhafte Platin-Aluminium-Legierungskatalysatoren [29] führten zu den folgenden Studien über aluminiumorganisch stabilisierte PtRu-Kolloide für Brennstoffzellen-Katalysatoren. Zudem enthalten diese Katalysatoren keine Verunreinigungen mit Chloriden. Schon geringe Spuren an Chloriden vermindern die Langzeitstabilität erheblich.

5.2 Synthese und Charakterisierung aluminiumorganisch stabilisierter Pt/Ru-Kolloide

5.2.1 Synthese

Aluminiumorganisch stabilisierte PtRu-Kolloide werden durch Co-Reduktion der Metallacetylacetonate erhalten. Die Auswahl des Lösungsmittels ist bei der Reduktion mit aluminiumorganischen Reduktionsmitteln von besonderer Bedeutung, da Ether Aluminiumtrialkyle durch Solvatbildung desaktivieren [30]. Deshalb wurde für alle Synthesen Toluol als Lösungsmittel verwendet. Schon kurze Zeit nach Beginn des Zutropfens des Trimethylaluminiums färbt sich die durch das $Ru(acac)_3$ dunkelrot gefärbte Lösung von $Pt(acac)_2$ und $Ru(acac)_3$ schwarz. Die Reaktion ist in Schema 5.1 dargestellt.

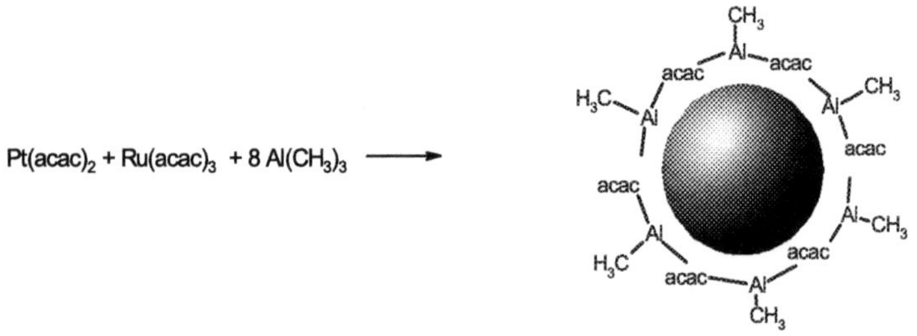

$$Pt(acac)_2 + Ru(acac)_3 + 8\ Al(CH_3)_3 \longrightarrow$$

Schema 5.1: Darstellung der Umsetzung von Pt- und Rutheniumacetylacetonat mit Trimethylaluminium

Abdestillieren des Lösungsmittels liefert das **$Pt_{50}Ru_{50}$-Kolloid 8** als schwarzes Pulver, das sich in Toluol und THF gut redispergieren läßt.

5.2.2 Modifikation

Das präparierte **$Pt_{50}Ru_{50}$-Kolloid 8** besitzt hydrolisierbare Al-C-Bindungen [31]. Diese können gezielt genutzt werden, um an der Schutzhülle reaktiv eine Modifikation durchzuführen und somit die Eigenschaften des Kolloids (z. B. Löslichkeit, Stabilität) zu verändern. Die Umsetzung von **$Pt_{50}Ru_{50}$-Kolloid 8** mit einem handelsüblichen Tensid auf Basis eines Polyethylenglycol-dodecylethers (Brij35®) führt zu einem wasserlöslichen Kolloid.

5.2.3 TEM/EDX-Untersuchungen

Die Partikelgrößenverteilungen des **Pt$_{50}$Ru$_{50}$-Kolloids 8** sowie die des zu-sätzlich mit Brij35®️ modifizierten **Pt$_{50}$Ru$_{50}$-Kolloid 9** wurden mittels HRTEM untersucht. Die Metallzusammensetzung der Partikel ergibt sich aus EDX-Analysen. Das experimentell gefundene PtRu-Verhältnis entspricht einer 1:1 Legierung. Der mittlere Partikeldurchmesser des nicht modifizierten PtRu-Kolloids beträgt 1,2 ± 0,3nm (Abb. 5.2). Dieser Wert wurde durch Auszählen von 249 Einzelpartikeln erhalten.

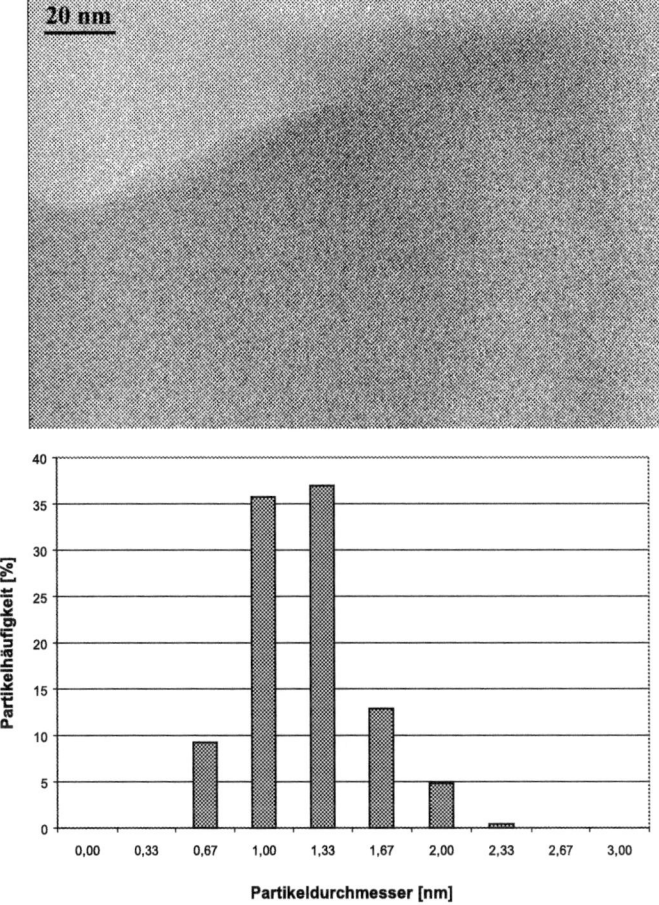

Abb. 5.2:   HRTEM-Aufnahme (oben) und Partikelgrößenverteilung (unten) des **Pt$_{50}$Ru$_{50}$-Kolloids 8**

Das mit Brij35® modifizierte **Pt$_{50}$Ru$_{50}$-Kolloid 9** zeigt in der Partikelgrößenverteilung keine signifikanten Unterschiede zum **Pt$_{50}$Ru$_{50}$-Kolloid 8**. Der durch Auszählen von 272 Einzelpartikeln erhaltene, mittlere Partikeldurchmesser beträgt 1,4 ± 0,4nm (Abb. 5.3). Dies belegt, daß die Modifizierung keinen Einfuß auf den Metallkern des PtRu-Kolloids hat, sondern lediglich zu einer Transformation der Schutzhülle führt.

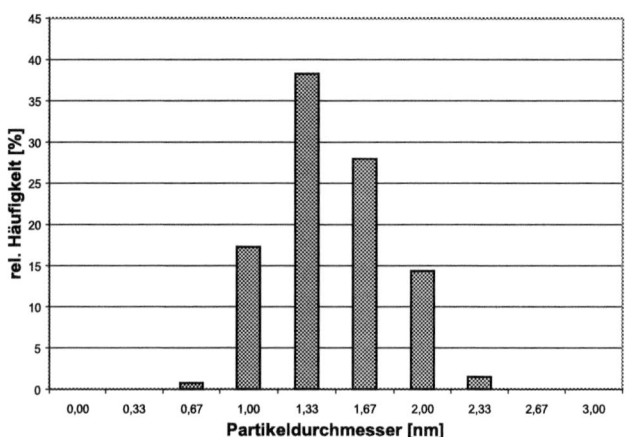

Abb. 5.3:   HRTEM-Aufnahme (oben) und Partikelgrößenverteilung (unten) des mit Brij 35® modifizierten **Pt$_{50}$Ru$_{50}$-Kolloids 9**

5.2.4 EXAFS- und XANES-Untersuchungen

Der Oxidationszustand und die Koordinationssphäre von Platin der aluminium-organisch stabilisierten PtRu-Kolloide (**Pt$_{50}$Ru$_{50}$-Kolloid 8**, mit Brij 35® modifiziertes **Pt$_{50}$Ru$_{50}$-Kolloid 9**) wurde mittels EXAFS und XANES untersucht. Die Messungen erfolgten an der Pt-L$_{III}$-Kante. Die XANES-Spektren der beiden aluminiumorganisch stabilisierten PtRu-Kolloide sind nahezu gleich, während deutliche Unterschiede zu einer Pt-Metallfolie zu erkennen sind (Abb. 5.4). Die Kantenresonanz der Kolloidproben („white line") ist im Vergleich zur Pt-Referenzfolie verbreitert und leicht erhöht. Die gute Übereinstimmung der Lage des ersten Wendepunktes der PtRu-Kolloide und der Pt-Metallfolie verdeutlichen den metallischen Charakter des Platins in den Kolloiden.

Im Gegensatz dazu führt die geringe Teilchengröße (Veränderung in der Struktur des 5d-Valenzbandes) zu einer Verschiebung sowie Verbreiterung der Kantenresonanz.

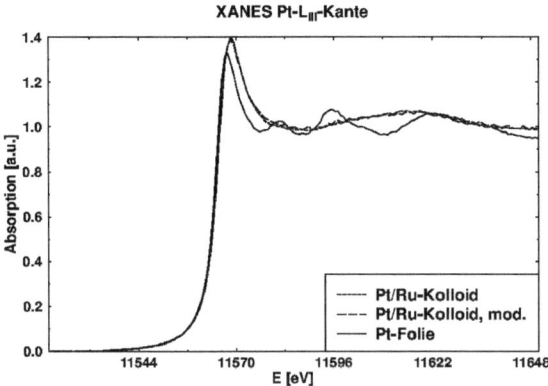

Abb. 5.4: XANES-Spektrum an der Pt-L$_{III}$-Kante der aluminiumorganisch stabilisierten PtRu-Kolloide und einer Pt-Referenzfolie

Entsprechende Effekte konnten auch für tensidstabilisierte PtRu- [33] und PtRh-Kolloide [34] nachgewiesen werden.

Die Erhöhung der Kantenresonanz ist damit aber nicht erklärt. Zumal aluminiumorganisch stabilisierte Pt-Kolloide (siehe Kapitel 4.2.5) diese Veränderung nicht aufweisen. McBreen und Mitarbeiter konnten ähnliche Effekte an der Pt-L$_{III}$-Kante für bimetallische PtFe, PtNi, PtCr, PtMn und PtCo Katalysatoren (geträgert auf Kohlenstoff) nachweisen [35] und führten diese auf die Existenz des Zweitmetalls (Legierungsbildung) zurück. XANES an der Pt-L$_{III}$-Kante gibt die Anregung in unbesetzte d-Bänder an. Die Legierung mit einem Zweitmetall führt nach

McBreen zu einer Zunahme der unbesetzten Zustände des Pt 5d-Bands. Die Stärke der Veränderung ist dabei abhängig von der Elektronenaffinität des Zweitmetalls.

Abbildung 5.5 zeigt die erhaltenen XANES-Spektren an der Pt-L$_I$-Kante für die aluminiumorganisch stabilisierten PtRu-Kolloide und der Pt-Referenzfolie. Erneut ist zwischen den PtRu-Kolloiden kaum ein Unterschied zu erkennen, während deutliche Unterschiede zur Referenzfolie sichtbar sind. Diese sind nur aus der Legierungsbildung mit dem Ruthenium zu erklären, da wie bereits zuvor erwähnt, aluminiumorganisch stabilisierte Pt-Kolloide keine derartigen Unterschiede zur Referenzfolie aufweisen (Kapitel 4.2.5).

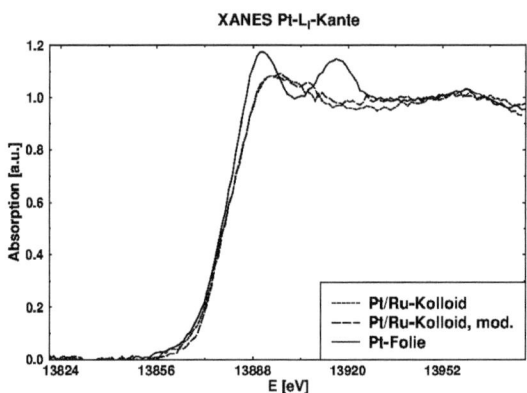

Abb 5.5: XANES-Spektrum an der Pt-L$_I$-Kante der aluminiumorganisch stabilisierten PtRu-Kolloide und einer Pt-Referenzfolie

Die Pt-L$_I$-Kante gibt die Anregung in unbesetzte p-Bänder wieder. Deshalb ist nun die Kantenresonanz aufgrund der Legierungsbildung geringer im Vergleich zu einer Pt-Folie. Die Legierungsbildung führt zu einer Art Hin- und Rückbindung am Platin. Dabei werden unbesetzte p-Bänder aufgefüllt, während die Anzahl der unbesetzten d-Bänder zunimmt.

In Abb. 5.6 ist die Fouriertransformierte der experimentellen und der gefitteten χ(k)-Funktion dargestellt. Die Anpaßung im r-Raum gelingt am besten, wenn Pt, Ru und C als Rückstreuer verwendet werden.

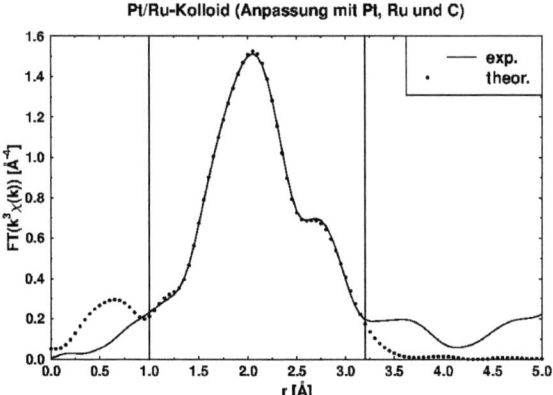

Abb. 5.6: Experimentell bestimmte und beste theoretische Anpassung der Fouriertransformierten der $\chi(k)$-Funktion des **Pt$_{50}$Ru$_{50}$-Kolloids 8**

Für die Rückstreuer ergeben sich starke Gitterkontraktionen, die wahrscheinlich aus der geringen Teilchengröße des Kolloids resultieren (Tab. 5.1).

Rückstreuer	Abstand (Kolloid) [Å]
Pt	2,58
Ru	2,44
C	1,93

Tab. 5.1: Pt-L$_{III}$-EXAFS interatomare Abstände der besten Anpassung

Die Koordinationszahlen konnten nicht geanu bestimmt werden. Lediglich das Verhältnis der Koordinationszahlen von Pt und Ru in der ersten Schale von 4,9:1 ist aus den Daten zu ermitteln. Dies deutet auf eine inhomogene Verteilung der beiden Metalle im Kolloidpartikel hin.

5.2.5   Röntgen-Photoelektronen-Spektroskopie (XPS)

Nach dem Aufbringen auf eine definierte Fläche von α-Quarz $(01\overline{1}0)$ wird die Entfernung der Schutzhülle (Konditionierung) des **Pt$_{50}$Ru$_{50}$-Kolloids 8** und des mit Brij 35® modifizierten **Pt$_{50}$Ru$_{50}$-Kolloids 9** mittels XPS beobachtet.

Die Konditionierung erfolgt in vier, voneinander unterscheidbaren Stufen:

a)   Die erste Messung findet unmittelbar nach dem Einschleusen der Kolloidprobe in die Vakuumkammer des Spektrometers statt. Mit dieser Messung wird das Kolloid mit intakter Schutzhülle gemessen.

b)   Die zweite Messung erfolgt nach dem Hochheizen der Probe (unter Hochvakuum) auf 250°C (**Pt$_{50}$Ru$_{50}$-Kolloid 8**) bzw. 300°C (mit Brij 35® modifiziertes **Pt$_{50}$Ru$_{50}$-Kolloid 9**) und Konstanthaltung dieser Temperatur für 30min. Diese Messung gibt Aufschluß über das thermische Verhalten der Schutzhülle.

c)   Zur oxidativen Ablösung der Schutzhülle wird das Kolloid 30min bei 250°C/300°C unter Sauerstoff getempert.

d)   Zuletzt wird ein reaktiver Temperschritt in Wasserstoffatmosphäre (20mbar H$_2$) bei 250°C/300°C durchgeführt.

Die Verwendung von α-Quarz anstatt des üblichen Graphit-Trägers (HOPG) erlaubt eine einheitliche Bestimmung des C(1s)-Signals der Schutzhülle und des Ru(3d)-Signals des Metallkerns. Die Signale treten deutlicher aus den Spektren hervor, da Sie nicht mehr durch C(1s)-Signale des Kohlenstoffträgers überlagert werden. In Testreihen wurde nachgewiesen, daß der Wechsel des Trägermaterials keinen Einfluß auf den Zersetzungsprozeß der Schutzhülle oder den Metallkern hat [32].

Wegen der Überlagerung des Pt(4f)-Signals mit dem Al(2p)-Signal der Schutzhülle wird im Wesentlichen das Pt(4d)-Signal zur Auswertung herangezogen.

Abbildung 5.7 zeigt die XP Spektren für das **Pt$_{50}$Ru$_{50}$-Kolloid 8** sowie das mit Brij 35® modifizierte **Pt$_{50}$Ru$_{50}$-Kolloid 9**. Die Bindungsenergielagen während der Konditionierung für das C(1s)/Ru(3d)-Signal sowie das Pt(4d)-Signal sind in Abb. 5.7 zusammengefaßt.

In den Spektren der frisch präparierten PtRu-Kolloide ist das Pt(4d)-Signal nur schwach zu erkennen. Das Ru(3d)-Signal ist von dem C(1s)-Signal des Stabilisators (284,6eV, aliphatischer Kohlenstoff) überlagert. Nach dem Aufheizen der Kolloide im UHV sind noch keine deutlichen Unterschiede zu den Spektren der frisch präparierten Kolloide ersichtlich. Ein Unterschied zwischen dem **Pt$_{50}$Ru$_{50}$-Kolloid 8** und dem mit Brij 35® modifizierten **Pt$_{50}$Ru$_{50}$-**

Kolloid 9 ist lediglich in der etwas geringeren Intensität des Pt(4d)-Signals zu sehen. Für die Konditionierung des mit Brij 35® modifizierten **Pt$_{50}$Ru$_{50}$-Kolloids 9** mußte die Temperatur auf 300°C erhöht werden, um eine vollständige Entfernung der Kohlenstoffbestandteile zu erzielen. 30 Minuten oxidatives Tempern mit 50%iger Luft in Argon entfernt den Kohlenstoff nahezu vollständig. Die XP-Spektren der aluminiumorganisch stabilisierten PtRu-Kolloide weisen nach dem Tempern an Luft eine deutlich gesteigerte Intensität für das Pt(4d)-Signal auf. Das Ru(3d)-Signal mit seinem typischen Doppelpeak ist erstmals zu erkennen.

Die Signallagen von Platin und Ruthenium deuten auf teilweise oxidierte Spezies hin.

Nach einem abschließenden, reduktiven Schritt (30 Minuten, 50mbar H$_2$, 250°C bzw. 300°C) entsprechen sowohl das Pt- als auch das Ru-Signal metallischen Spezies (Pt(4d): 314,8eV, Ru(3d): 280,6eV). Der Doppel-Peak des Ru(3d)-Signals ist nun deutlich zu erkennen. Kohlenstofffragmente können nicht mehr nachgewiesen werden.

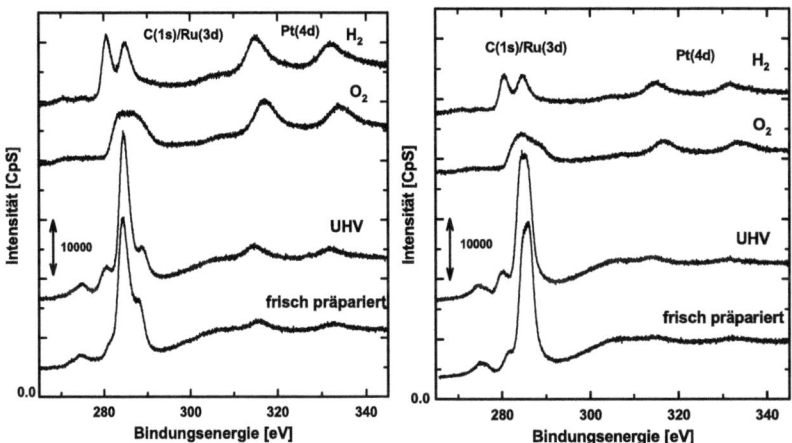

Abb. 5.7:   XP Spektren für den C(1s)/Ru(3d)-Peak und den Pt(4d)-Peak für die Konditionierungsschritte am **Pt$_{50}$Ru$_{50}$-Kolloid 8** und dem modifizierten **Pt$_{50}$Ru$_{50}$-Kolloid 9**

Wie aus Abb. 5.8 ersichtlich, gelingt die Entfernung des Aluminiums der Schutzhülle während der Konditionierung nicht. Die XPS-Messungen belegen die Existenz einer oxidischen Aluminiumspezies. Eine genaue Zuordnung der Bindungsenergien wird durch eine Wechselwirkung des Aluminiums mit dem Quarz-Einkristall-Träger erschwert. Neben dem Al(2p)-Signal ist auch der teilweise durch diesen überlagerte Pt(4f)-Peak zu erkennen. Die Bezeichnung der einzelnen Kurven entspricht der Konditionierungsprozedur.

Deutlich zu erkennen ist der Shift des Pt(4f)-Signals während der oxidativen Konditionierungsphase zu höheren Bindungsenergien und damit zu teilweise oxidierten Spezies. Die genauen Bindungsenergien können wegen der Überlappung mit dem Al(2p)-Signal nicht ermittelt werden. Erst nach der Reduktion mit H_2 entspricht die Bindungsenergie wieder dem metallischen Platin.

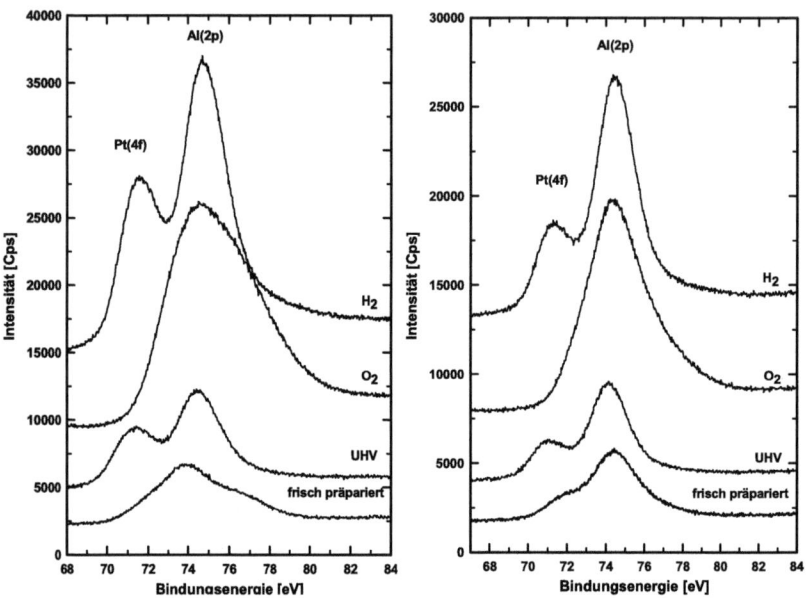

Abb. 5.8:   Detailspektren für den Al(2p)-Peak und den Pt(4f)-Peak für die einzelnen Konditionierungsschritte am nicht modifizierten (links) und am modifizierten (rechts) PtRu-Kolloid

5.3   Trägerung und Katalyse

5.3.1   Trägerfixierung der aluminiumorganisch stabilisierten PtRu-Kolloide

Die Trägerung des $Pt_{50}Ru_{50}$-Kolloids 8 und des mit Brij 35® modifizierten $Pt_{50}Ru_{50}$-Kolloids 9 erfolgt, indem eine Dispersion des Kolloids in Toluol zu einer Suspension von Vulcan XC72 in Toluol getropft wird. Die Kolloidmenge wird so gewählt, daß eine Belegung von 20Gew.%

Edelmetall entsteht, berechnet aus dem Verhältnis Edelmetall / (Edelmetall + Träger) Die Belegung des graphitisierten Rußes mit dem Kolloid geschieht bei 40°C unter inniger Durchmischung innerhalb von 24 h. Nach vollständiger Adsorption der Kolloide an das Trägermaterial wird das Toluol abdestilliert. Das entstehende Katalysatorpulver wird mit Pentan gewaschen und abschließend bei Raumtemperatur im Hochvakuum getrocknet.

Elektronenmikroskopische Untersuchungen der geträgerten PtRu-Kolloide belegen, daß es durch das Trägern zu keinem meßbaren Partikelwachstum kommt. Für den $Pt_{50}Ru_{50}$-Kat. 7 ergibt sich ein mittlerer Partikeldurchmesser von 1,3 ± 0,4nm (vor der Trägerung 1,2 ± 0,3nm). Der mittlere Partikeldurchmesser des mit Brij 35® modifizierten $Pt_{50}Ru_{50}$-Kat. 8 beträgt 1,5 ± 0,4nm.

Anschließend werden die PtRu/Vulcan-Kolloidkatalysatoren nach der schon beschriebenen Methode konditioniert (siehe 5.2.4).

Durch die Entfernung der Schutzhülle bei erhöhter Temperatur besteht die Möglichkeit eines Partikelwachstums. Um dies zu überprüfen, werden die konditionierten PtRu/Vulcan-Kolloidkatalysatoren erneut einer Partikelgrößenbestimmung im TEM unterzogen.

Abb. 5.9 zeigt die Partikelgrößenverteilungen und ein TEM (des konditionierten Katalysators) des $Pt_{50}Ru_{50}$-Kat. 7 vor und nach dem Konditionieren. Es ist deutlich zu erkennen, daß während des Konditionierens kein wesentliches Partikelwachstum für den $Pt_{50}Ru_{50}$-Kat. 7 zu verzeichnen ist. Der mittlere Partikeldurchmesser beträgt nach dem Konditionieren 1,5 ± 0,4nm.

Auch für den mit Brij 35® modifizierten $Pt_{50}Ru_{50}$-Kat. 8 kann kein signifikantes Partikelwachstum festgestellt werden. Der mittlere Partikeldurchmesser für den konditionierten Katalysator beträgt 1,8 ± 0,5nm. Abbildung 5.10 zeigt einen Vergleich der Partikelgrößenverteilungen für den mit Brij 35® modifizierten $Pt_{50}Ru_{50}$-Kat. 8 vor und nach dem thermisch-oxidativen Entfernen der Schutzhülle sowie eine TEM-Aufnahme des konditionierten Katalysators.

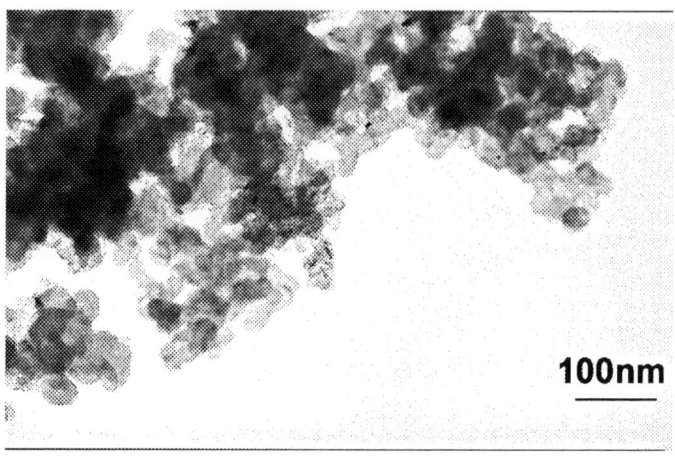

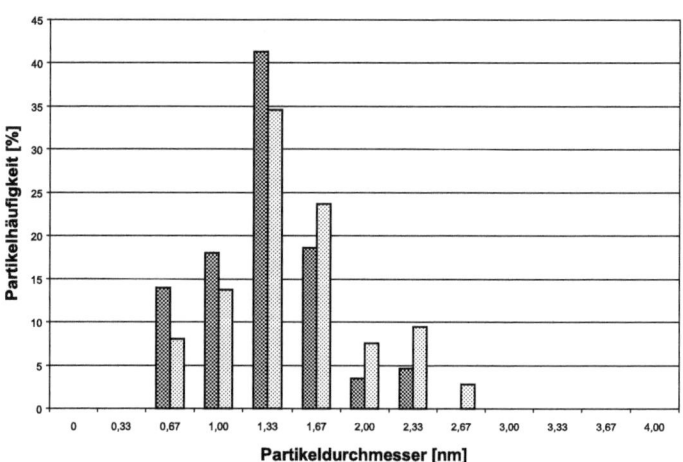

Abb. 5.9:   TEM-Aufnahme (oben) und Partikelgrößenverteilungen (unten) des **Pt$_{50}$Ru$_{50}$-Kat. 7** vor (dunkle Balken) und nach (helle Balken) dem Konditionieren

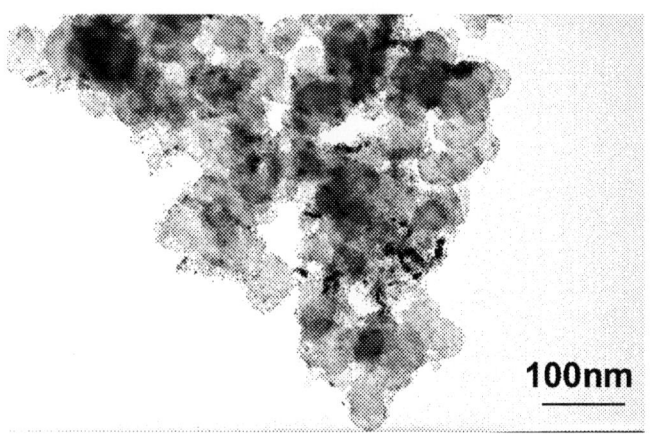

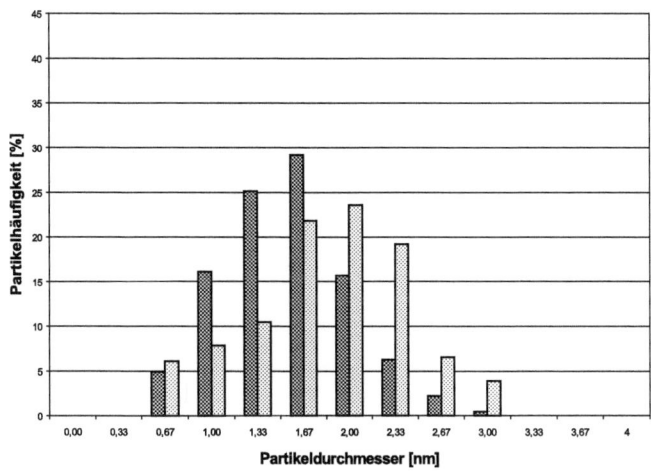

Abb. 5.10:   TEM-Aufnahme (oben) und Partikelgrößenverteilungen (unten) des mit Brij 35®
modifizierten **Pt$_{50}$Ru$_{50}$-Kat. 8** vor (dunkle Balken) und nach (helle Balken) dem
Konditionieren

Die Konditionierung des **Pt$_{50}$Ru$_{50}$-Kat. 7** wurde zusätzlich zu den XPS-Messungen auch mit in
situ XANES-Messungen verfolgt. Dafür wurde eine getrocknete Katalysatorprobe in der
Meßzelle des XANES konditioniert und nach jedem Schritt ein Spektrum an der Pt-L$_{III}$-Kante
gemessen.

Abb. 5.11 zeigt die erhaltenen XANES-Spektren. Auffällig ist dabei eine leichte Oxidation des **Pt$_{50}$Ru$_{50}$-Kat. 7** zu Beginn der Meßreihe (Spektrum bei 20°C). Erwärmen der Probe auf 300°C im Vakuum (300mbar) läßt ein Spektrum erkennen, daß dem reduzierten Kolloid (Abb. 5.4) entspricht.

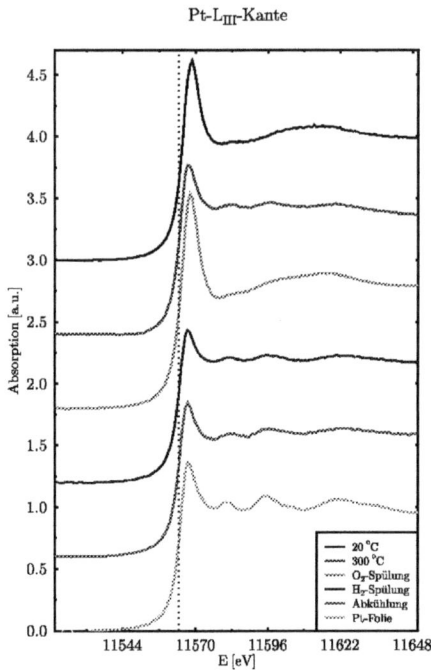

Abb. 5.11:   XANES-Spektren zur Verfolgung der Konditionierung des **Pt$_{50}$Ru$_{50}$-Kat. 7**

Allerdings sind bei erhöhter Temperatur die „Shape Resonanzen" des Platins deutlich ausgeprägter (zwei leichte „Buckel" nach der Kantenresonanz im Spektrum 300°C). Die Ausbildung einer scharfen „Shape Resonanz" kann durch ein Partikelwachstum oder eine Kristallisation der Pt-Partikel hervorgerufen werden. Da sich im TEM keine signifikante Partikelgrößenveränderung zeigt, kann es sich somit nur um einen Kristallisationseffekt handeln.

Nach dem Oxidieren im Sauerstoffstrom ist nun deutlich eine Erhöhung der Kantenresonanz zu erkennen. Dies ist für oxidierte Pt-Spezies zu erwarten. Reduktion mit Wasserstoff bei 300°C verringert die Kantenresonanz wieder auf einen Wert, der mit dem von metallischem Platin übereinstimmt. Abkühlen auf Raumtemperatur hat keinen weiteren Einfluß auf das XANES-Spektrum des **Pt$_{50}$Ru$_{50}$-Kat. 7**.

Die gefundenen Werte und Veränderung während des Konditionierens stimmen sehr gut mit den Daten aus den XPS-Messungen überein.

5.3.2 Tetraoctylammonium-stabilisiertes Pt/Ru-Kolloid

Für Vollzellenmessungen wurde das **Pt$_{50}$Ru$_{50}$-Kolloid 7** auf graphitisierten Ruß (Vulcan XC72) aufgebracht und durch Tempern in Sauerstoff und Wasserstoff bei 300°C von der Schutzhülle befreit [35].

Der Metallanteil (Pt + Ru) betrug dabei 20Gew.% Metall (berechnet aus dem Verhältnis Edelmetall / (Edelmetall + Träger)).

5.3.3 CO-Stripping

Die elektrochemischen Messungen wurden von Frau Dipl.-Chem. U. Paulus an der Universität Ulm in einem Dreielektrodensystem (Abb. 5.12) in 0,5M Schwefelsäure durchgeführt. Als Gegenelektrode wird ein 1cm^2 großes Pt-Blech verwendet, während die Referenzelektrode aus einer gesättigten Kalomelelektrode besteht. Die Arbeitselektrode wird von einem Glaskohlenstoffzylinder gebildet, der mit den jeweiligen Katalysatoren belegt wird.

Über eine Luggin-Haber-Kapillare ist die Referenzelektrode an die Arbeitselektrode angekoppelt. Um eine Diffusion von Chloridionen der Kalomelelektrode in die Meßzelle zu verhindern, ist diese über eine Elektrolytbrücke aus 0,5M Schwefelsäure mit der Glaszelle angebunden.

Die Arbeitselektrode ist frei beweglich gelagert, so daß sie als rotierende Elektrode betrieben werden kann.

Die Bestimmung der Aktivität einer Elektrode für die CO-Oxidation kann mittels CO-Stripping-Voltammetrie erfolgen. Hierfür wird die obige Apparatur verwendet. Ein mit Argon gespülter Elektrolyt wird bei 100mV für drei Minuten mit CO gesättigt. Auf der Arbeitselektrode adsorbiert dabei eine Monolage CO. Die Lösung wird danach durch fünfminütige Argonspülung von gelösten CO befreit, ohne das Potential zu verändern, das bedeutet, die Monolage CO auf der Elektrode bleibt erhalten. Anschließend wird das Voltammogramm aufgenommen, indem das Potential der Elektrode zuerst bis zur negativen Grenze und anschließend in positive Richtung gefahren wird. Ist noch überschüssiges CO in der Lösung vorhanden, macht sich dieses durch einen weiteren Stripping-Peak im Voltammogramm bemerkbar.

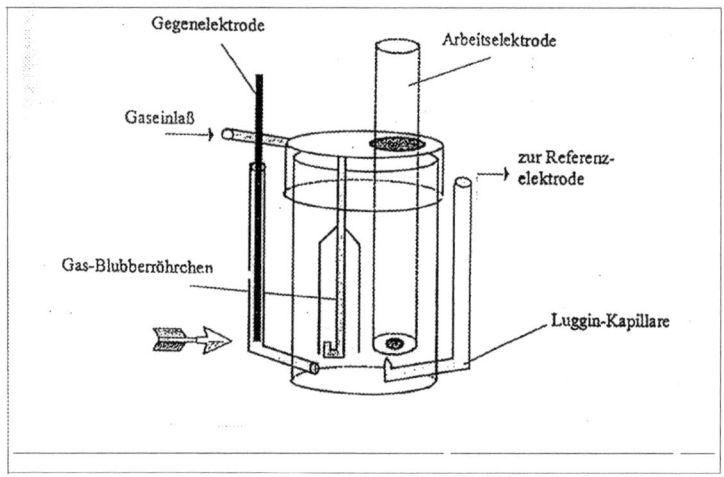

Abb. 5.12:   Skizze des Dreielektrodensystems für die elektrochemischen Messungen

Abbildung 5.13 zeigt die CO-Stripping Voltammogramme (durchgezogene Linien) und die anschließend aufgezeichneten zugehörigen Basisvoltammogramme für Raumtemperatur für den $Pt_{50}Ru_{50}$-Kat. 7, den mit Brij 35® modifizierten $Pt_{50}Ru_{50}$-Kat. 8 sowie für den kolloidalen PtRu[N(Oct)$_4$Cl]/Vulcan Katalysator.

Die Kolloidkatalysatoren konnten bis zu einem maximalen Potential von 0,75V vermessen werden. Danach tritt eine Zersetzung der Elektroden durch die Auflösung von Ruthenium ein. Dieser Effekt ist für ein Potential von 0,9V für massive Rutheniumelektroden bekannt [37]. Durch die geringen Partikelgrößen in den Kolloidkatalysatoren scheint dieser Prozeß zu niedrigeren Potentialen verschoben zu sein.

Für die aluminiumorganisch präparierten Kolloidkatalysatoren wurden Peakpotentiale von 0,66V für den $Pt_{50}Ru_{50}$-Kat. 7 und 0,63V für den mit Brij 35® modifizierten $Pt_{50}Ru_{50}$-Kat. 8 gemessen. Der tensid-stabilisierte Katalysator erreicht ein negativeres Potential mit 0,57V. Für eine PtRu-Legierung der Zusammensetzung 1:1 wurde der CO Stripping-Peak bei einem Potential von 0,5V beobachtet [38], während reines bulk-Platin einen Stripping-Peak bei 0,8V aufweist [39]. Ein Vergleich dieser Werte zeigt eindeutig, daß die aluminiumorganisch hergestellten Kolloidkatalysatoren positivere Potentiale aufweisen als eine PtRu-Legierung und der zum Vergleich gemessene PtRu[N(Oct)$_4$Cl]/Vulcan Katalysator. Diese Verschiebung des Potentials zu positiveren Werten kann mit einer Anreicherung von Platin an der Oberfläche erklärt werden [39]. Dieser Segregationseffekt kann durch die thermische Konditionierung in Wasserstoff entstehen. McNichol und Short konnten Segregationseffekte für eine PtRu-Legierung mit 50atom% Ru unter diesen Bedingungen nachweisen [40]. Aus den gemessenen Peak-Potentialen der aluminiumorganisch stabilisierten Kolloide und den beobachteten Partikelgrößen mit 1,5nm bzw. 1,8nm läßt sich auf eine zumindest teilweise entmischte Legierung (Segregation von Platin an die Oberfläche) schließen.

Nach einer Integration der Stromdichte über die Zeit ergibt sich die Flächenladungsdichte für die CO-Oxidation. Die aluminiumorganisch präparierten Kolloidkatalysatoren zeigen nahezu identische Werte mit 1,78mC/cm^2 für den **Pt$_{50}$Ru$_{50}$-Kat. 7** und 1,85mC/cm^2 für den mit Brij 35® modifizierten **Pt$_{50}$Ru$_{50}$-Kat. 8**. Damit liegen beide Meßwerte um etwa 40% niedriger als der für den PtRu[N(Oct)$_4$Cl]/Vulcan Katalysator mit 2,59mC/cm^2. Als Ursache wäre eine Verringerung von CO-Adsorptionsplätzen durch eine Schicht von Aluminiumoxid (siehe XP Spektren) an der Kolloidpartikeloberfläche denkbar.

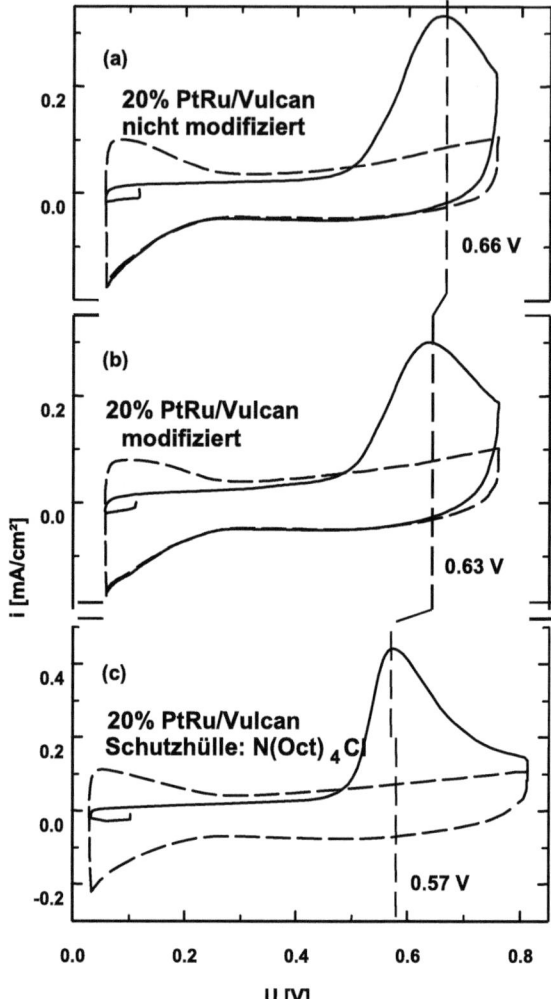

Abb. 5.13:   CO-Stripping-Peaks, 20mV/s in 0,5M H_2SO_4 bei 25°C, 7µg Metall/cm^2:

(a) $Pt_{50}Ru_{50}$-Kat. 7

(b) Mit Brij 35® modifizierter $Pt_{50}Ru_{50}$-Kat. 8

(c) PtRu[N(Oct)$_4$Cl]/Vulcan-Kolloidkatalysator

5.3.4 Kontinuierliche Oxidation von CO-Wasserstoff-Gasmischungen

Zur Simulation einer indirekten Methanol Brennstoffzelle (IMFC) wird ein Gasgemisch aus 2% CO in Wasserstoff für die elektrochemischen Messungen eingesetzt. Die Apparatur aus Abb. 5.12 dient zur Messung der Aktivität bei einer Temperatur von 60°C im quasi-stationären Zustand mittels einer RDE-Konfiguration. Die Rotationsgeschwindigkeit der Scheibe beträgt 2500 Umdrehungen pro Minute und sorgt damit für eine konstante Gaszufuhr an der Arbeitselektrode, wodurch Diffusionslimitierungen bei den niederen Potentialen ausgeschlossen werden können. Reaktionen an der Anode einer Brennstoffzelle können mit diesen Meßbedingungen nachgestellt werden.

Abb. 5.14 zeigt die Auftragung der Stromdichte in Abhängigkeit vom dynamischen Potential (bezogen auf die Standard-Wasserstoffelektrode) für den **Pt$_{50}$Ru$_{50}$-Kat. 7**, den mit Brij 35® modifizierten **Pt$_{50}$Ru$_{50}$-Kat. 8** sowie für einen N(Oct)$_4$Cl-stabilisierten PtRu/Vulcan-Kolloidkatalysator, der als interner Standard dient.

Deutlich ist der Anstieg der Stromdichte für die reine H$_2$-Oxidation zu erkennen (gestrichelte Linie in Abb. 5.14 a) und b)). Bei höheren Potentialen erreicht die Stromdichte ein Plateau, das dem Diffusionsgrenzstrom entspricht. In diesem Bereich ist der Stofftransport zur Elektrode potentialbestimmend, so daß die Stromdichte unabhängig vom Potential wird. Bei Potentialen größer als 0,4V fällt das Stromplateau leicht ab. Dies ist auf die Bildung von Oberflächenoxiden zurückzuführen, die wiederum kinetische Limitierungen hervorrufen [41].

Die Strom-Spannungskurven der unterschiedlichen PtRu/Vulcan-Kolloidkatalysatoren zeigen in der Oxidation von mit CO verunreinigtem Wasserstoff nur marginale Unterschiede. Innerhalb der Fehlertoleranzen sind die Kurven der drei PtRu/Vulcan-Kolloidkatalysatoren als identisch zu betrachten. Bei einem Potential etwas unterhalb von 0,4V ist ein deutlicher Anstieg der Stromdichte zu erkennen. Dieser Anstieg der Stromdichte wird durch die beginnende H$_2$-Oxidation hervorgerufen. Die Hysterese zwischen den anodischen und dem kathodischen Potentialvorschub folgt aus der massentransportlimitierten Re-Adsorption von CO auf der Elektrodenoberfläche.

In dem kleinen Fenster von Abb. 5.14 c) sind die sogenannten „ignition potentials" der drei PtRu-Kolloide dargestellt. Als „ignition potential" wird ein eng begrenzter Potentialbereich bezeichnet, in dem ein deutlicher Anstieg der Stromdichte zu verzeichnen ist. Der **Pt$_{50}$Ru$_{50}$-Kat. 7**, der mit Brij 35® modifizierte **Pt$_{50}$Ru$_{50}$-Kat. 8** und der tensidstabilisierte PtRu/Vulcan-Kolloidkatalysator weisen keine signifikanten Unterschiede im Kurvenverlauf auf und sind daher von der Aktivität sowie von der CO-Toleranz miteinander vergleichbar.

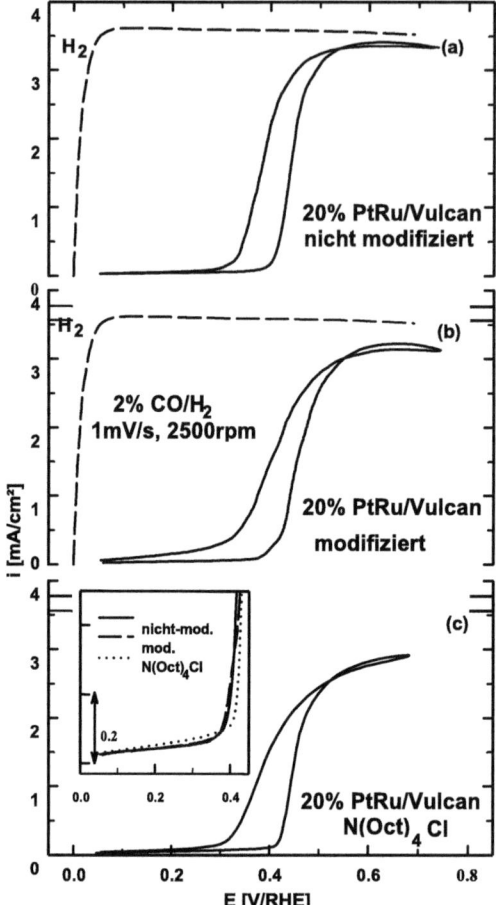

Abb. 5:14:   Vergleich der Oxidation von 2% CO/H_2 bei 60°C:

(a) $Pt_{50}Ru_{50}$-Kat. 7

(b)   Mit Brij 35® modifizierter $Pt_{50}Ru_{50}$-Kat. 8

(c)   PtRu[N(Oct)$_4$Cl]/Vulcan-Kolloidkatalysator)

(Zum Vergleich ist der Vorschub für die reine H_2-Oxidation gezeigt)

Sie zeigen damit eine etwas verbesserte Aktivität gegenüber dem industriellen ETEK PtRu/Vulcan-Katalysator [32].

Setzt man die Aktivität mit der Dispersion (Partikelgröße) in Zusammenhang, sollten die aluminiumorganisch stabilisierten Kolloide aufgrund ihrer größeren Dispersion eine etwas erhöhte Aktivität aufweisen. Allerdings scheint die Oberfläche der aluminiumorganisch präparierten PtRu/Vulcan-Kolloidkatalysatoren durch eine oxidische Aluminiumspezies umhüllt zu sein (siehe XPS und CO-Stripping-Ergebnisse). Daß trotz einer verminderten Oberfläche (40% weniger CO-Adsorptionsplätze gegenüber dem $N(Oct)_4Cl$-stabilisierten PtRu/Vulcan-Kolloidkatalysator) in der Wasserstoffoxidation eine vergleichbare Aktivität beobachtet wird, zeigt das katalytische Potential dieser aluminiumorgansich stabilisierten PtRu/Vulcan-Kolloidkatalysatoren an.

Zum Vergleich von Katalysatoren bezüglich ihrer CO-Oxidationsaktivität oder der Klärung von mechanistischen Fragestellungen sind CO-Gehalte von 2% durchaus sinnvoll. In der Realität spielen solche CO-Konzentrationen aufgrund des hohen Anoden-Überpotentials (>0,4V) keine Rolle. Technisch relevante PEM-Einheiten sollten Stromstärken von $0,5A/cm^2$ mit Leistungsdichten von $0,3-0,4W/cm^2$ aufweisen [42,43]. Berücksichtigt man das Überpotential für die Sauerstoffreduktion an der Kathode wird klar, daß eine wesentliche Verminderung der CO-Konzentration erreicht werden muß. Deshalb werden die folgenden statischen Potentialmessungen mit geringeren CO-Gehalten von 250ppm durchgeführt, um sie mit Daten aus PEM-Vollzellenmessungen vergleichen zu können.

Abb. 5.15 zeigt die erhalten Daten der RDE-Messungen für den **$Pt_{50}Ru_{50}$-Kat. 7**, den mit Brij 35® modifizierten **$Pt_{50}Ru_{50}$-Kat. 8**, einen $PtRu[N(Oct)_4Cl]$/Vulcan-Kolloidkatalysator und vergleicht diese mit den Daten aus einer Vollzellenmessung eines ETEK PtRu/Vulcan-Katalysator.

Die Stromdichten sind nun auf die Edelmetallmenge des Katalysators bezogen, um einen besseren Vergleich der Daten mit Literaturwerten zu ermöglichen. An einem tensidstabilisierten PtRu/Vulcan-Kolloidkatalysator findet die H_2-Oxidation bei einem Potential von 0,3V statt, während der **$Pt_{50}Ru_{50}$-Kat. 7** ein geringfügig höheres Potential für den Beginn der H_2-Oxidation aufweist. Für den ETEK PtRu/Vulcan-Katalysator zeigt sich der Beginn der H_2-Oxidation bei einem deutlich höheren Potential von 0,35V. Die kolloidalen PtRu/Vulcan-Katalysatoren zeigen damit eine höhere CO-Toleranz als der ETEK PtRu/Vulcan-Katalysator. Dies zeigt, daß der Einsatz von bimetallischen Kolloidkatalysatoren zu einer Steigerung der elektrochemischen Aktivität führt.

Der Tensidstabilisierte PtRu/Vulcan-Kolloidkatalysator kann seine gegenüber dem **$Pt_{50}Ru_{50}$-Kat. 7** etwas bessere Anfangsaktivität nicht halten und wird ab einem Potential von 0,35V deutlich von dem aluminiumorganisch präparierten PtRu/Vulcan-Kolloidkatalysator übertroffen. Der **$Pt_{50}Ru_{50}$-Kat. 7** zeigt ab dem Potential von 0,35V auch bei steigenden Stromdichten kaum noch eine Verschiebung des Potentials zu höheren Werten. Damit ist dieser Katalysator insbesondere bei höheren Stromdichten deutlich CO toleranter als die beiden Vergleichskatalysatoren.

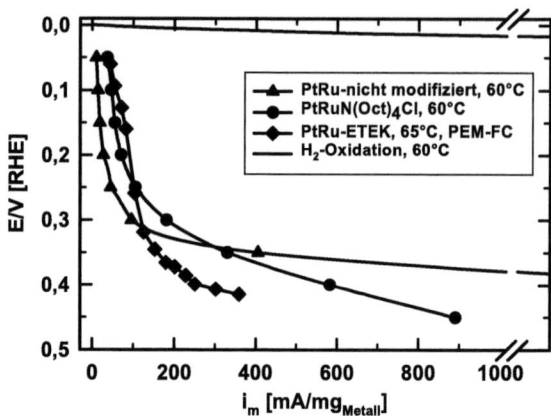

Abb.: 5.15: CO/H_2-Oxidation an **$Pt_{50}Ru_{50}$-Kat. 7,** PtRu/Vulcan-Kolloidkatalysator (N(Oct)$_4$Cl stabilisiert) und ETEK PtRu/Vulcan-Katalysator bei CO-Gehalten von 250ppm

Dieser Trend der unterschiedlichen PtRu/Vulcan-Kolloidkatalysatoren ist auch aus Abbildung 5.16 ersichtlich.

Ein mit wesentlich höherer CO-Belastung (1000ppm CO) gemessener, aluminiumorganisch präparierter PtRu/Vulcan-Kolloidkatalysator weist bei Potentialen >0,4V eine höhere Aktivität auf als der tensidstabilisierte PtRu/Vulcan-Kolloidkatalysator bei 250ppm.

Ein Vergleich der Überpotentiale des aluminiumorganisch stabilisierten PtRu/Vulcan-Kolloidkatalystors bei CO-Gehalten von 2%, 1000ppm und 250ppm zeigt eindeutig das Absinken von 0,4V über 0,35V auf 0,3V. Für praktische Anwendungen sind Überpontiale über 0,1V jedoch nicht praktikabel. Daher bleibt zur Zeit nur das weitere Absenken der CO-Gehalte im Wasserstoff durch eine CO-Gasreinigung.

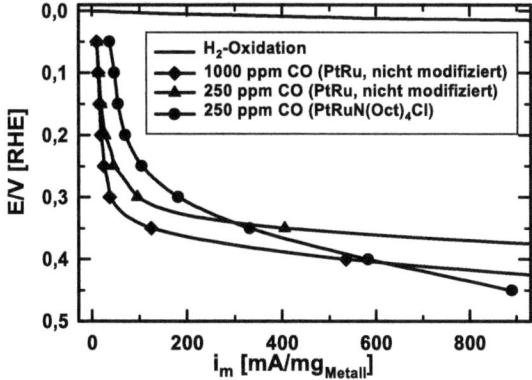

Abb. 5.16:   CO/H_2-Oxidation am **Pt$_{50}$Ru$_{50}$-Kat. 7** und PtRu/Vulcan-Kolloidkatalysator (N(Oct)$_4$Cl) bei 60°C

5.3.5   Vollzellenmessung des Pt$_{50}$Ru$_{50}$-Kat. 6

Der PtRu/Vulcan-Kolloidkatalysator (**Pt$_{50}$Ru$_{50}$-Kat. 6**) wurde mit Wasser und Nafion zu einer „Tinte" verarbeitet, die anschließend auf eine Nafionmembran gesprüht wurde. Dies stellt die Anodenseite einer Polymerelektrolytmembran dar. Auf die andere Seite der Nafionmembran wurde mit dem gleichen Verfahren eine dünne Schicht Platinkatalysator aufgebracht (Kathode). Nach dem Trocknen bei 130°C lieferte diese Verfahrensweise eine fertige Membran-Elektroden-Einheit, die für Testreihen in einer Vollzelle verwendet wurde.

Abbildung 5.17 zeigt die Auftragung der Zellspannung in Abhängigkeit von der Stromstärke für die Wasserstoffoxidation an dem **Pt$_{50}$Ru$_{50}$-Kat. 6** und einem industriellen 20Gew.% ETEK-PtRu/Vulcan-Katalysator, wobei das Meßgas verschiedene Konzentrationen von CO enthielt.

Zum besseren Vergleich sind die CO-Konzentrationen auf die Metallbeladung der Anode normiert. Auf der Anodenseite werden zusätzlich zu CO und H_2 noch 0,5% O_2 eingespeist, um die CO-Oxidation zu erleichtern.

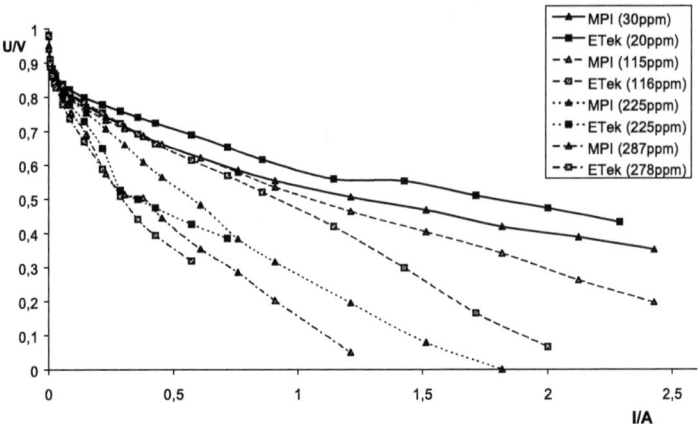

Abb. 5.17: Strom-Spannungskurven für verschiedene CO-Konzentrationen an einem kolloidalen PtRu[N(Oct)$_4$Cl]/Vulcan-Katalysator (MPI) und einem ETEK PtRu/Vulcan-Katalysator (ETEK)

Während bei sehr geringen CO-Konzentrationen (20-30ppm CO) der ETEK PtRu-Katalysator eine etwas bessere Aktivität bei höheren Stromstärken zeigt, weist bei CO-Konzentration >100ppm der kolloidale PtRu-Katalysator eine wesentlich bessere CO-Toleranz als der industrielle Vergleichskatalysator auf. Konzentrationen unter 100ppm CO sind in der Praxis selbst mit Gasreinigung nach der Reformation kaum zu erzielen. Deshalb sind die Werte für die Messungen <100ppm CO für den Praxisbetrieb einer Reformatwasserstoff-Brennstoffzelle nicht von Bedeutung.

Der PtRu-Kolloidkatalysator ist noch bei CO-Konzentrationen über 200ppm aktiv, während der ETEK PtRu-Katalysator zu oszillieren beginnt. Dies ist ein typisches Zeichen für einen vollständig vergifteten Katalysator. Damit ist der Kolloidkatalysator noch bei CO-Konzentrationen aktiv, die auch ohne Gasreinigung erhalten werden können.

5.3.6 Direkte Oxidation von Methanol

Wie bereits in der Einleitung diskutiert, dienen PtRu-Katalysatoren auch als Aktivkomponenten in Direktmethanol-Brennstoffzellen. In Abb. 5.18 ist der Vergleich des **Pt$_{50}$Ru$_{50}$-Kat. 7**, des modifizierten **Pt$_{50}$Ru$_{50}$-Kat. 8**, eines N(Oct)$_4$Cl-stabilisierten PtRu/Vulcan-Kolloidkatalysators und eines ETEK PtRu/Vulcan-Katalysators in der Oxidation von 0,5M Methanol bei 60°C gezeigt (14µg Edelmetallbeladung).

Während die beiden aluminiumorganisch präparierten PtRu/Vulcan-Kolloidkatalysatoren und der ETEK PtRu-Katalysator innerhalb der Fehlertoleranz in ihrer Aktivität als gleichwertig zu betrachten sind, zeigt der $N(Oct)_4Cl$-stabilisierte PtRu/Vulcan-Kolloidkatalysator eine höhere Aktivität. Da die genauen Oberflächenzusammensetzungen der unterschiedlichen PtRu/Vulcan-Katalysatoren nicht bekannt sind, und die Methanoloxidation wesentlich empfindlicher auf die Zusammensetzung an der Oberfläche reagiert als die H_2-Oxidation, könnten Differenzen in der Oberflächen-Zusammensetzung die unterschiedliche Aktivität der PtRu-Kolloidkatalysatoren erkären, wie es Gasteiger et al. in [44] gefunden haben.

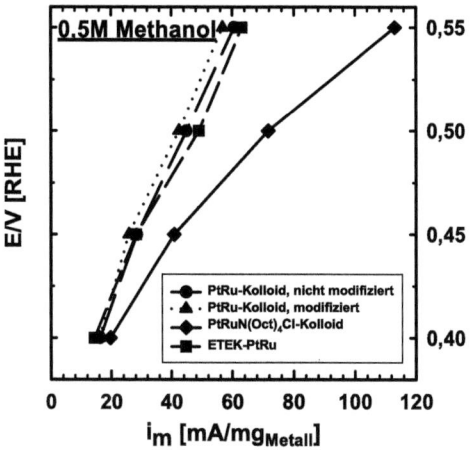

Abb. 5.18:   Verhalten der PtRu/Vulcan-Kolloidkatalysatoren in der Methanoloxidation im Vergleich mit dem PtRu-ETEK/Vulcan-Katalysator

Für die Praxis sind jedoch eher die Potentiale um 0,4V interessant, und da sind die Unterschiede zwischen den verschieden präparierten PtRu-Kolloidkatalysatoren marginal.

Die Methanoloxidation mit 2,0M Methanollösungen an den aluminiumorganischen PtRu/Vulcan-Kolloidkatalysatoren sowie an dem tensidstabilisierten PtRu/Vulcan-Kolloidkatalysator ist in Abb. 5.19 dargestellt. Die kolloidalen PtRu/Vulcan-Katalysatoren zeigen über dem gesamten Potentialbereich keine nennenswerten Unterschiede in ihrer Aktivität.

Im Vergleich zu der Messung mit 0,5M Methanol zeigen die aluminiumorganisch dargestellten PtRu/Vulcan-Kolloidkatalysatoren eine 1,5-3fache Aktivitätssteigerung im Potentialbereich von 0,4-0,55V. Dies resultiert aus einer höheren Bedeckung der Katalysatoroberfläche mit Methanol oder Methanolfragmenten und stimmt mit Literaturdaten überein [45].

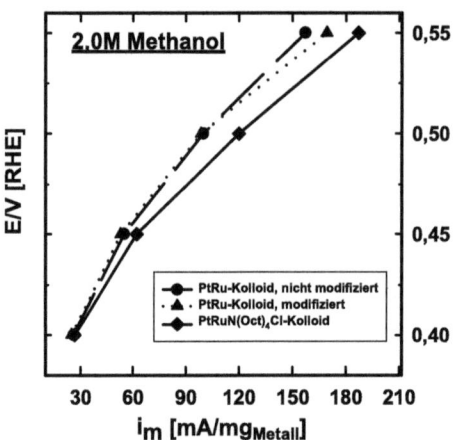

Abb. 5.19: Verhalten der verschiedenen PtRu/Vulcan-Kolloidkatalysaroen in der Methanoloxidation, potentiostatische Messung bei 60°C

Aus diesen Daten läßt sich eine grobe Abschätzung über die benötigte Edelmetallmenge für ein Antriebsaggregat von 50kW berechnen:

Wenn ein Kathodenpotential von etwa 0,8V angenommen und die Anode bei einem Potential von 0,45V betrieben wird, ergibt sich eine Zellspannung von 0,35V. Die Stromdichte bei einer Polarisierung von 0,45V (Abb. 5.19) beträgt etwa 50mA/mg_{Metall} und ergibt damit eine Leistung von 20mW/mg_{Metall}. Daraus errechnet sich die benötigte Edelmetallmenge für ein 50kW Aggregat zu 2,6kg. Dieser Wert macht deutlich, daß abgesehen von den Problemen, die durch die Verwendung von Methanol (Giftigkeit, Korrosion, Diffusion durch die Membran) entstehen, eine wesentliche Steigerung der Aktivität und der CO-Toleranz der Katalysatoren erreicht werden muß, um Antriebsaggregate auf Basis der DMFC sinnvoll betreiben zu können.

5.4 Synopse zu 5

Die Koreduktion von gelöstem Platin(II)- und Ruthenium(III)-acetylacetonat im Molverhältnis von 1:1 mit Aluminiumtrimethyl in Toluol liefert laut EDX-Mikroanalyse ein **$Pt_{50}Ru_{50}$**-Organosol mit einem mittleren Partikeldurchmesser von 1,2 ± 0,3nm.

Die Reaktion der in der Schutzhülle vorhandenen Al-C-Bindungen mit einem Polyethylenglykol („Modifikation") ergibt ein wasserlösliches Bimetallkolloid mit nahezu unveränderter Partikelgröße (1,4 ± 0,4nm). XANES/EXAFS-Messungen an der Pt-L_{III} sowie der Pt-L_I-Kante deuten klar auf einen Legierungseffekt hin. Die XPS-Messungen direkt nach der Synthese belegen den metallischen Charakter von Pt und Ru. Bei Temperaturen von 250°C (**Pt$_{50}$Ru$_{50}$-Kolloid 8**) bzw. 300°C (**Pt$_{50}$Ru$_{50}$-Kolloid 9**) gelingt die Entfernung der Kohlenstoffbestandteile aus der Schutzhülle. Das Aluminium bleibt in Form oxidierter Species auf der Oberfläche der Kolloide erhalten. Die aluminiumorganisch stabilisierten Pt$_{50}$Ru$_{50}$-Kolloide lassen sich mit 20Gew.% Metallbeladung an Vulcan adsorbieren, ohne daß im TEM Partikelwachstum beobachtet wird. Auch die anschließende Konditionierung zur Entfernung der Schutzhülle bei 250°C (**Pt$_{50}$Ru$_{50}$-Kat. 7**) bzw. 300°C (**Pt$_{50}$Ru$_{50}$- Kat. 8**) verläuft unter sehr geringem Partikelwachstum.

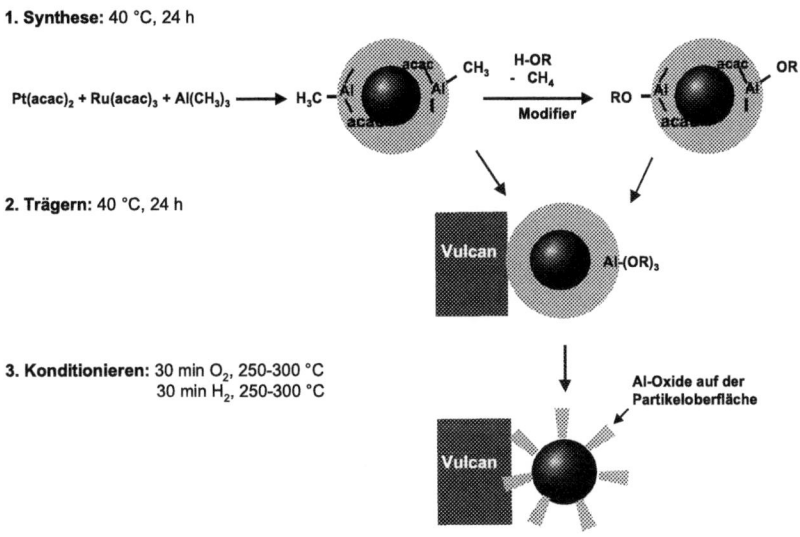

Abb. 5.20:   Schematische Darstellung der Katalysatorpräparation

Die fertigen Katalysatoren weisen Partikelgrößen von 1,5 ± 0,4nm (**Pt$_{50}$Ru$_{50}$-Kat. 7**) und 1,8 ± 0,4nm (**Pt$_{50}$Ru$_{50}$-Kat. 8**) auf.

CO-Stripping Experimente der konditionierten, aluminiumorganisch stabilisierten PtRu-Katalysatoren zeigen sehr hohe Peakpotentiale von 0,66V (**Pt$_{50}$Ru$_{50}$-Kat. 7**) und 0,63V (**Pt$_{50}$Ru$_{50}$-Kat. 8**) gegenüber einer Pt$_{50}$Ru$_{50}$-Bulklegierung von 0,5V. Dies läßt darauf schließen, daß an der Partikeloberfläche eine teilweise entmischte PtRu-Legierung vorliegt.

In der potentiodynamischen Oxidation von Wasserstoff vermischt mit 2% CO zeigen die aluminiumorganisch präparierten Pt$_{50}$Ru$_{50}$-Kolloidkatalysatoren (**Pt$_{50}$Ru$_{50}$-Kat. 7, Pt$_{50}$Ru$_{50}$-Kat. 8**) das gleiche Oxidationspotential wie N(Oct)$_4$Cl-stabilisierte Pt$_{50}$Ru$_{50}$-

Kolloidkatalysatoren. Sie sind damit etwas aktiver als kommerziell erhältliche ETEK $Pt_{50}Ru_{50}$-Katalysatoren. In potentiostatischen Messungen von 250ppm CO im Wasserstoff erweist sich der **$Pt_{50}Ru_{50}$-Kat. 7** bei Potentialen >0,35V als deutlich aktiver als der $N(Oct)_4Cl$-stabilisierte Kolloidkatalysator und der ETEK $Pt_{50}Ru_{50}$-Katalysator (vergleiche Abb. 5.15 und 5.16).

In der direkten Oxidation von 0,5M und 2,0M Methanollösungen sind die $Pt_{50}Ru_{50}$-Kolloidkatalysatoren (**$Pt_{50}Ru_{50}$-Kat. 7** und **$Pt_{50}Ru_{50}$-Kat. 8**) und der ETEK $Pt_{50}Ru_{50}$-Katalysator gleich aktiv. Für die aluminiumorganisch präparierten PtRu-Kolloidkatalysatoren (**$Pt_{50}Ru_{50}$-Kat. 7** und **$Pt_{50}Ru_{50}$-Kat. 8**) ergibt sich bei der Erhöhung der Methanolkonzentration über den Potentialbereich von 0,4V bis 0,55V eine 1,5-3fach gesteigerte Aktivität.

5.5   Literatur zu 5

[1]   T. Ewe, Bild der Wissenschaft **8**, 40 (1998)

[2]   A.E. Hammerschmidt, M.F. Waidhas, Spektrum der Wissenschaft, A44 (1999)

[3]   J. Friedrich, R. Berretta, Dechema-Jahrestagungen '99, **Band II**, 161 (1999)

[4]   G.J.K Acres, G.A. Hards, Phil. Trans. R. Soc. **A 354**, 1671 (1996)

[5]   K. Kordesch, G. Simader, Fuel Cells and Their Application, VCH Weinheim, 72 (1996)

[6]   C. Zawodzinski, M.S. Wilson, S. Gottesfeld, The Electrochem. Soc., **95-23**, 57 (1995)

[7]   C.-J. Winter, J. Nitsch, Wasserstoff als Energieträger, Springer-Verlag Berlin, 42 (1989)

[8]   J. Schulz, Spektrum der Wissenschaft, 1993

[9]   R. Kumar, S. Ahmed, Proceedings of the first International on New Materials for Fuel Cell Systems, Ecole Polytechnique de Montreal, 224 (1995)

[10]   H.S. Murray, Fuel Cell, 1985 Fuel Cell Seminar, Book of Abstracts, Tuscon, AZ (USA), 129 (1985)

[11]   S. Gottesfeld, US Patent 4.910.099, (1990)

[12]   J. Divisek, H.-F. Oetjen, V. Peinecke, V.M. Schmidt, U. Stimming, Electrochim. Acta **43**, 3811 (1998)

[13]   H.A. Gasteiger, N.M. Markovic, P.N. Ross Jr., J. Phys. Chem. **99**, 8290 (1995)

[14]   S. Mukerjee, S.J. Lee, E.A. Ticianelli, J. McBreen, B.N. Grgur, N.M. Markovic, P.N. Ross Jr., J.R. Giallombardo, E.S. De Castro; Electrochem. Solid-State Lett. **2**, 12 (1999)

[15]   A.C.C. Tseung, P.K. Shen, K.Y. Chen, J. Power Sources **61**, 223 (1996)

[16]   H.A. Gasteiger, N.M. Marcovic, P.N. Ross Jr., Catal. Lett. **36**, 1 (1996)

[17]   A. Hamnett, Phil. Trans. R. Soc. A **354**, 1653 (1996)

[18]   M. El M. Chbihi, D. Takky, F. Hahn, H. Huser, J.M. Leger, C. Lamy, J. Electroanal. Chem. **463**, 63 (1999)

[19]   B. Gurau, R. Viswanathan, R. Liu, T.J. Lafrenz, K.L. Ley, E.S. Smotkin, E. Reddington, A. Sapienza, B.C. Chan, T.E. Mallouk, S.Sarangapani, J. Phys. Chem. **B 102**, 9997 (1998)

[20]   M. Watanabe, M. Uchida, S. Motoo, J. Electroananl. Chem. **229**, 395 (1987)

[21]   B. Beden, F. Kadirgan, C. Lamy, J.M. Leger, J. Electroanal. Chem. **127**, 75 (1981)

[22]   G. Gokagac, B.J. Kennedy, J.D. Cashion, L.J. Brown, J. Chem. Soc. Faraday Trans. **89(1)**, 151 (1993)

[23]   R. Liu, K.L. Ley, C. Pu, Q. Fan, N. Leyarowska, C. Segre, E.S. Smotkin, in Electrode Processes VI, ed. A. Wieckowski and K. Itaya, The Electrochem. Soc.: **96-8**, 341 (1996)

[24]   J.A. Kosek, C.C. Cropley, A.B. LaConti, in Electrode Processes VI, ed. A. Wieckowski and K. Itaya, The Electrochem. Soc.: **96-8**, 322 (1996)

[25]   G.L. Troughton, A. Hamnett, Bull. Electrochem. **7(11)**, 488 (1991)

[26]   A.S. Arico, Z. Poltarzewski, H. Kim, A. Morana, N. Giordano, V. Antonucci, J. Power Sources **55**, 159 (1995)

[27]   E. Reddington, A. Sapienza, B. Gurau, R. Viswanathan, S. Sarangapani, E.S. Smotkin, T.E. Mallouk, Science, **280**, 1735 (1999)

[28]   T.J. Schmidt, M. Noeske, H.A. Gasteiger, R.J. Behm, P. Britz, H. Bönnemann, J. Electrochem. Soc. **145**, 925 (1998)

[29]   A. Freund, T. Lehmann, K.-A. Starz, G. Heinz, R. Schwarz, EP 0743092A1 (1996)

[30]   Ch. Elschenbroich, A. Salzer, Organometallchemie, B.G. Teubner, 95-108, Stuttgart (1990)

[31]   H. Bönnemann, W. Brijoux, R. Brinkmann, U. Endruschat, W. Hofstadt, K. Angermund, Rev. Roum. Chim. Im Druck

[32]   U.A. Paulus, G.J. Feldmeyer, T.J. Schmidt, H.A. Gasteiger, R.J. Behm, U. Endruschat, H. Bönnemann in Vorbereitung

[33]   P. Britz, Dissertation, RWTH Aachen (1997)

[34]   K. Siepen, Dissertation, RWTH Aachen (1996)

[35]   S. Mukerjee, S. Srinivasan, M.P. Soriaga, J. McBreen, J. Electrochem. Soc. **142**, 1409 (1995)

[36]   T.J. Schmidt, M. Noeske, H.A. Gasteiger, R.J. Behm, P. Britz, W. Brijoux, H. Bönnemann, Langmuir **13**, 2591 (1997)

[37]   S. Hadzi-Jordanov, H. Angerstin-Kozlowska, M. Vukovic, B.E. Conway, J. Electrochem. Soc. **125**, 1471-1480 (1978)

[38]   H.A. Gasteiger, N. Markovic, P.N. Ross Jr., W.J. Cairns, J. Phys. Chem. **98**, 617-625 (1994)

[39]   T.J. Schmidt, M. Noeske, H.A. Gasteiger, R.J. Behm, J. Electrochem. Soc. **145**, 925-931 (1998)

[40]   B.D. McNicol, R.T. Short, J. Electroanal. Chem. **81**, 249 (1977)

[41]   W. Vielstich, Fuel Cells, Wiley-Interscience, London (1965)

[42]   V.M. Schmidt, R. Ianiello, H.-F. Oetjen, H. Reger, U. Stimming, F. Trilla, in Proceedings of the First International Symposium on Proton Conduction Membrane Fuel Cells I

[43]   S. Gottesfeld, G. Halpert, A. Landgrebe, The Electrochemical Society: **95-23**, 1 (1995)

[44]   H.A. Gasteiger, N.M. Markovic, P.N. Ross, E.J. Cairns, J. Electrochem. Soc. **141**, 1795 (1994)

[45]   V.S. Bagotsky, Y.B. Vassilyev, Electrochim. Acta **143**, 1685 (1967)

6 Palladium-Gold-Partikel für Chemie- und Brennstoffzellenkatalysatoren

6.1 Bekanntes zu PdAu-Trägerkatalysatoren

Die bekannteste und technisch bedeutendste Anwendung von PdAu-Katalysatoren ist die Gasphasenreaktion von Ethylen, Essigsäure und Sauerstoff zu Vinylacetat [1].

Als Trägermaterial wird im allgemeinen Siliziumdioxid oder auch α-Aluminiumoxid verwendet. Das Trägermaterial wird mit Salzlösungen von Pd, Au und einem Alkalimetall getränkt und anschließend getrocknet.

Das Tränken der einzelnen Metallsalze geschieht nacheinander und wird jeweils mit einem Trocknungsschritt beendet. Anschließend werden die so gefertigten Katalysatoren mit einem gasförmigen Reduktionsmittel (z. B. H_2) bei Temperaturen bis zu 200°C reduziert [2,3,4].

Die beschriebene Tränkmethode zur Herstellung bimetallischer PdAu-Partikel führt oft zu nicht vollständig legierten Teilchen. Es können eindeutig monometallische Pd- und Au-Partikel in EXAFS-Untersuchungen, wie von Couves und Meehan [5], nachgewiesen werden.

Karpinski und Mitarbeiter [6] berichten über ähnliche Effekte. Während sie für PdCu-Katalysatoren eine gute Korrelation der katalytischen Aktivität mit der Legierungsbildung fanden, ist das im Falle der PdAu-Katalysatoren von Karpinski nicht der Fall. Dies kann auf die nicht vollständige Legierungsbildung zurückgeführt werden.

Ein Ansatz zur Lösung dieses Problems zeigt ein Patent von Celanese [7]. Um eine einheitliche Partikelgröße sowie eine homogene Legierungsbildung zu erhalten, wurde ein kolloidaler Katalysatorprecursor auf das Trägermaterial aufgebracht und anschließend getrocknet. Dieser PdAu-Kolloidkatalysator hatte vor allem in der hohen Selektivität über einen langen Zeitraum Vorteile gegenüber herkömmlichen PdAu-Katalysatoren.

Das bimetallische Kolloid wurde durch Reduktion der Metallsalze (Na_2PdCl_4 und $HAuCl_4$) in einer Mikroemulsion von Wasser in Pentan in Gegenwart eines Tensids hergestellt. Das Trägermaterial wird mit dem frisch präparierten Kolloid getränkt und getrocknet. Abschließend wird das Tensid durch Oxidation in einer Sauerstoff-atmosphäre abgebrannt.

Eine ganze Reihe von Arbeitsgruppen beschäftigte sich mit der Darstellung von bimetallischen PdAu-Kolloidkatalysatoren [8-12]. Beim Studium dieser Literatur wird deutlich, daß die Synthese kleiner Partikel (<5nm) mit homogener Legierung ein großes Problem darstellt, obwohl Pd und Au eine lückenlose Reihe von Mischkristallen miteinander bilden [13].

Eine Charakterisierung der Legierungsbildung findet häufig nur bei sehr großen Kolloidpartikeln statt. Diese geschieht indirekt anhand der katalytischen Eigenschaften in Hydrierungen, schließt aber die Anwesenheit von monometallischen Partikeln nicht aus. TEM/EDX-Analysen sind bei Partikelgrößen unter 5nm nur unzureichend, um die Legierung der Partikel nachzuweisen.

Im folgenden wird die reproduzierbare Synthese und Charakterisierung tensid-stabilisierter PdAu-Kolloide beschrieben. Trägerung und thermische Entfernung der Schutzhülle führt zu PdAu-Katalysatoren. Als Testreaktion für die so dargestellten Katalysatoren dient die Oxidation von Ethylen.

Gerberich, Hall und Cant [14] beschäftigten sich mit der Oxidation von Ethylen an Pd- und PdAu-Kontakten. Bei Gleichgewichtsbedingungen und einem Ethylen/Sauerstoff-Verhältnis von 1:2,3 konnte neben der Totaloxidation zu CO_2 bis zu 25% Essigsäure im Produktgasstrom nachgewiesen werden.

Schlögl et al. nutzen ebenfalls die Oxidation von Ethylen als Testreaktion für Legierungskatalysatoren von Palladium mit Cadmium [15].

Ein Patent von Fishman [16] beschreibt die Verwendung von PdAu-Katalysatoren unterschiedlicher Metallzusammensetzungen in der Oxidation von mit CO verunreinigtem Wasserstoff. Im Gegensatz zu den häufig diskutierten Systemen in der Literatur (siehe 5.1.2) stellt PdAu ein nur wenig beachtetes Elektrodensystem dar. Einzig das erwähnte Patent beschreibt die Verwendung von PdAu für CO tolerante Anodenkatalysatoren, obwohl Gold dafür bekannt ist, CO bei Temperaturen von 0°C zu oxidieren [17]. Deshalb wurden die PdAu-Legierungskolloide auch für die Darstellung von Katalysatoren für elektrochemische Anwendungen benutzt. Die katalytischen Eigenschaften dieser Katalysatoren werden anhand der kontinuierlichen Oxidation von CO/H_2-Gasmischungen untersucht.

6.2 Synthese und Charakterisierung

6.2.1 Synthese der Kolloide

Die Synthese bimetallischer Palladium-Gold-Kolloide gelingt durch Ko-Reduktion der Metallsalze mit Tetraalkylammonium-triethylhydroborat (Gl. 6.1). Dabei ist die Reihenfolge der Zugabe, als auch die Auswahl der Metallsalze für das Entstehen bimetallischer Partikel von Bedeutung.

Das Zutropfen einer Lösung von $AuCl_3$ und $Pd(OAc)_2$ in THF zu einer Lösung von Tetraoctylammonium-triethylhydroborat in THF, bei Raumtemperatur und unter Lichtausschluß, führt zu bimetallischen Kolloiden. Das Zutropfen des Reduktionsmittels in eine Lösung oder

Suspension der Metallsalze hat dagegen hauptsächlich die Bildung monometallischer Pd und Au-Partikel zur Folge.

$$AuCl_3 + Pd(OAc)_2 + 5\ N(Oct)_4[BEt_3H] \rightarrow PdAu[N(Oct)_4X]_5 + 5\ BEt_3\uparrow + 2,5\ H_2\uparrow \qquad Gl.\ 6.1$$

$$X = Cl^-,\ OAc^-$$

Die PdAu-Kolloide **$Pd_{80}Au_{20}$-Kolloid 11**, **$Pd_{70}Au_{30}$-Kolloid 12** und **$Pd_{50}Au_{50}$-Kolloid 13** wurden nach dieser Methode synthetisiert.

Bimetallische Kolloide entstanden auch durch das Zufügen der in THF gelösten Metallsalze zu einer Lösung aus einem Carboxybetain (CB12) und Lithiumtriethylhydroborat in THF (Gl. 6.2).

$$AuCl_3 + Pd(OAc)_2 + 5Li[BEt_3H] + 5CB12 \rightarrow PdAu(CB12)_5 + 3LiCl + 2LiOAc + 5BEt_3\uparrow + 2,5H_2\uparrow$$

$$Gl.\ 6.2$$

Dabei entstand das bimetallische, wasserlösliche **$Pd_{80}Au_{20}$-Kolloid 14**.

Für Vergleiche in der Katalyse wurde zusätzlich ein monometallisches Pd-Kolloid **(Pd-Kolloid 10)** nach der Vorschrift von Neiteler [18] hergestellt.

6.2.2   Reinigung der Kolloide

Die erhaltenen Kolloide werden nach der Synthese aufgereinigt, um Teile der nicht zur Stabilisierung benötigten Schutzhülle und anfallende Salze zu entfernen.

Die Tetraoctylammonium-stabilisierten PdAu-Kolloide **($Pd_{80}Au_{20}$-Kolloid 11, $Pd_{70}Au_{30}$-Kolloid 12** und **$Pd_{50}Au_{50}$-Kolloid 13**) werden in wenig Diethylether dispergiert und mit Ethanol versetzt. Die in Ethanol unlöslichen Kolloide setzen sich nach wenigen Minuten am Boden ab, während überschüssiges Tensid in Ethanol gelöst wird. Nach etwa 24h haben sich nahezu alle Kolloide vollständig abgesetzt, und die klaren, überstehenden Lösungen werden abgehebert. Anschließend werden die so gereinigten Kolloide im HV getrocknet und können anschließend wieder in THF oder Toluol redispergiert werden.

Das mit dem Carboxybetain stabilisierte **$Pd_{80}Au_{20}$-Kolloid 14** wird mit einer Ultrafiltrationszelle aufgereinigt. Dabei wird das Kolloid in vollentsalztem Wasser peptisiert und in die Filtrationszelle gefüllt, an deren Boden sich eine Membran befindet. Mit Drücken von 1,5 bis 2bar wird vollentsalztes Wasser aus einem Vorratsgefäß in die Filtrationszelle gepreßt. Bei geeigneter Porenweite der Membran sind gelöste Salze und das Tensid in der Lage, die Membran zu passieren, während das Metallkolloid mit seiner Tensidhülle zurückgehalten wird. Um ein rasches Verstopfen der Membran sowie die Abscheidung von Metallkolloiden an den Zellwandungen zu verhindern, wird der Zelleninhalt intensiv gerührt.

Die verwendeten Membrane besitzen eine nominelle Molekulargewichtsgrenze von $20 \cdot 10^3$ Dalton. Die Elution der Salze wird durch Leitfähigkeitsmessungen des Eluats verfolgt.

Die verschiedenen, kolloidalen PdAu-Precursor sind in Tabelle 6.1 mit ihrer Stöchiometrie aus der Synthese und den Metallzusammensetzungen aus der Elementaranalyse (nach der Aufreinigung) zusammengefaßt.

Kolloide	Stöchiometrie (Pd:Au, Synthese)	Zusammensetzung (Atom%) Elementaranalyse
$Pd_{80}Au_{20}$-Kolloid 11	80:20	79:21
$Pd_{70}Au_{30}$-Kolloid 12	70:30	71:29
$Pd_{50}Au_{50}$-Kolloid 13	50:50	56:44
$Pd_{80}Au_{20}$-Kolloid 14	80:20	82:18

Tab. 6.1: Elementaranalysedaten und Stöchiometrie aus der Synthese für die verschiedenen PdAu-Kolloide

6.2.3 TEM- und EDX-Messungen

Die verschiedenen PdAu-Kolloide sowie das Pd-Kolloid wurden mittels HRTEM/TEM hinsichtlich ihrer Partikelgrößenverteilung und mittels EDX bezüglich ihrer Zusammensetzung untersucht (siehe Tab. 6.2 und Abb. 6.1-6.4). Einzelpartikel-analysen waren nicht möglich, da die Größe der Partikel ca. 3nm und die EDX-Strahlbreite etwa 10nm beträgt. Lediglich bei isoliert liegenden Partikeln kann eine solche Einzelpartikelanalyse versucht werden. Weiterhin fehlt eine geeignete Eichprobe für das EDX (nämlich eine definierte Zusammensetzung mit Partikelgrößen nahe der zu messenden Probe), um die Auswertung optimal auf die zu messende Probe abzustimmen. Unter den gegebenen Voraussetzungen sind die erhaltenen EDX-Spektren lediglich als qualitativer Hinweis auf eine Legierungsbildung zu werten. Quantitative Analysen können lediglich als Trends, nicht aber als absolute Werte angesehen werden.

Tabelle 6.2 zeigt die aus den TEM-Bildern erhaltenen, mittleren Partikeldurchmesser sowie die aus den EDX-Messungen resultierenden Metall-Zusammensetzungen für die verschiedenen PdAu-Kolloide.

Die zugehörigen Partikelgößenverteilungen und TEM-Aufnahmen für die PdAu-Kolloide sind auf den nachfolgenden Seiten abgebildet. Dabei fällt das Ansteigen des mittleren Partikeldurchmessers für die $N(Oct)_4Cl$-stabilisierten Kolloide mit steigendem Goldgehalt auf. Zudem wird die Verteilung wesentlich breiter.

Kolloid	Mittlerer Partikel-durchmesser [nm]	Zusammensetzung Pd:Au (EDX)
Pd-Kolloid 10	$2,4 \pm 1,2$	---
Pd$_{80}$Au$_{20}$-Kolloid 11	$1,9 \pm 0,5$	3:1
Pd$_{70}$Au$_{30}$-Kolloid 12	$2,8 \pm 0,7$	3:1
Pd$_{50}$Au$_{50}$-Kolloid 13	$3,3 \pm 0,9$	2:1
Pd$_{80}$Au$_{20}$-Kolloid 14	$3,5 \pm 0,6$	5:1

Tab. 6.2:   HRTEM/EDX-Daten der PdAu-Kolloide

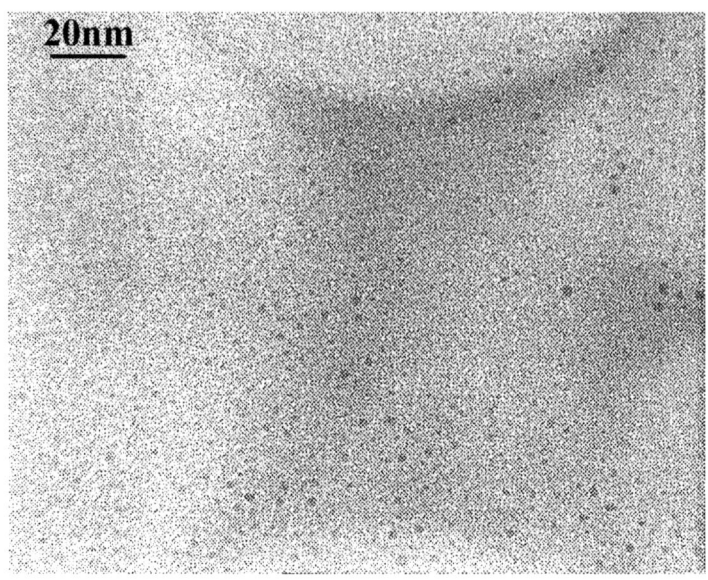

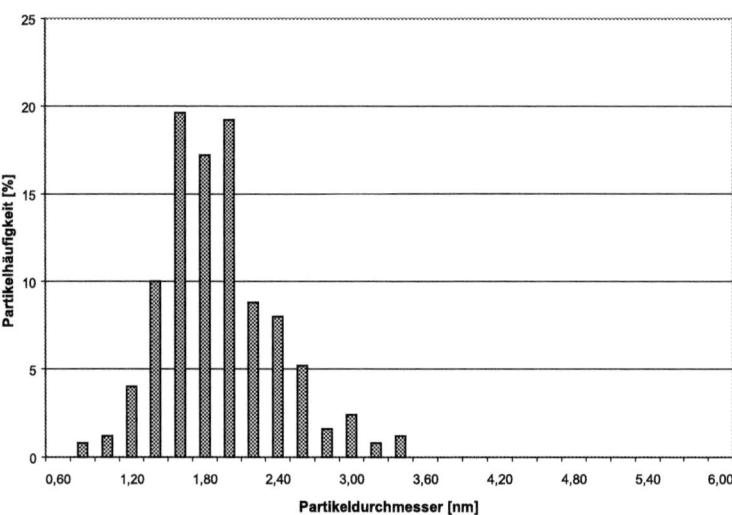

Abb. 6.1:   HRTEM-Aufnahme (oben) und Partikelgrößenverteilung (unten) des **Pd$_{80}$Au$_{20}$-Kolloids 11** (250 Partikel ausgezählt)

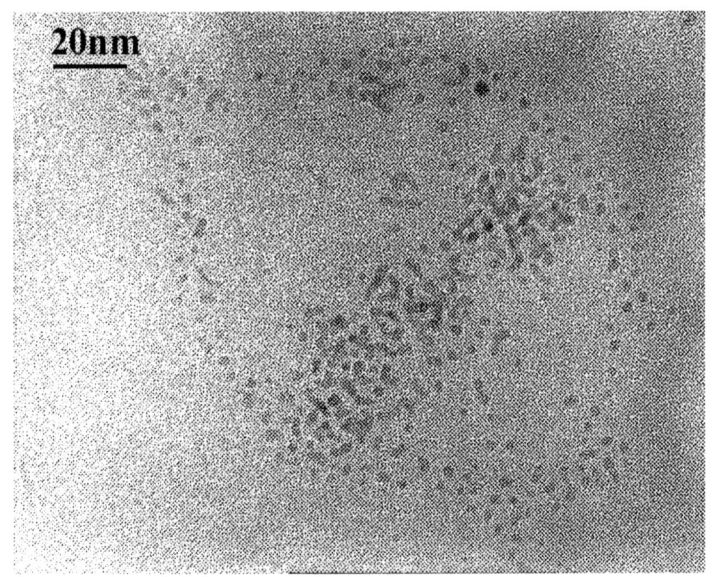

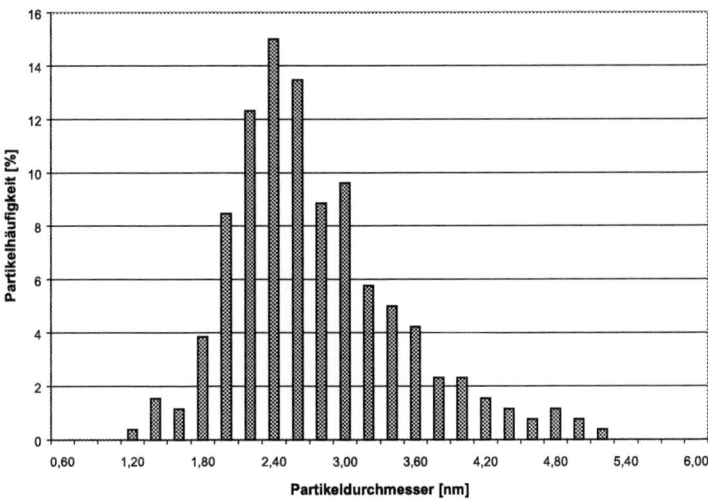

Abb. 6.2:   HRTEM-Aufnahme (oben) und Partikelgrößenverteilung (unten) des **Pd₇₀Au₃₀-Kolloids 12** (260 Partikel ausgezählt)

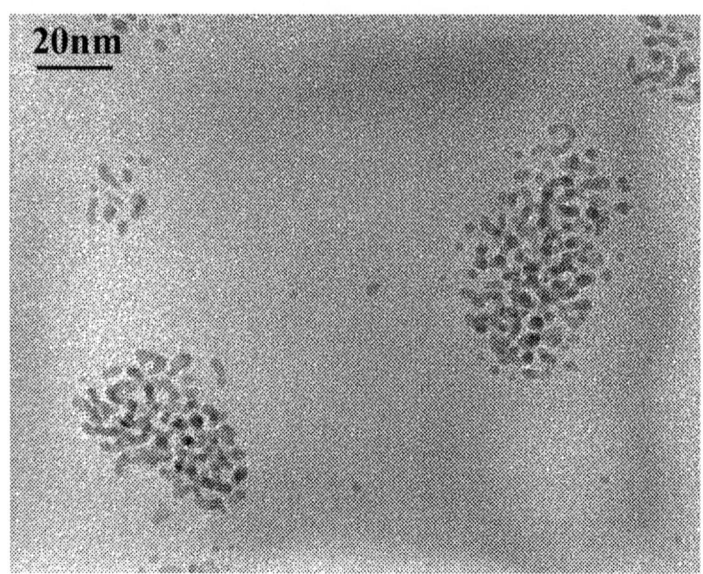

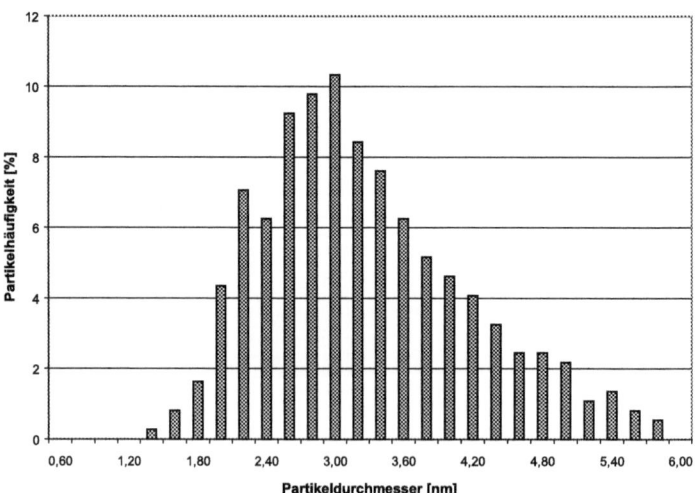

Abb. 6.3:   HRTEM-Aufnahme (oben) und Partikelgrößenverteilung (unten) des **Pd$_{50}$Au$_{50}$-Kolloids 13** (368 Partikel ausgezählt)

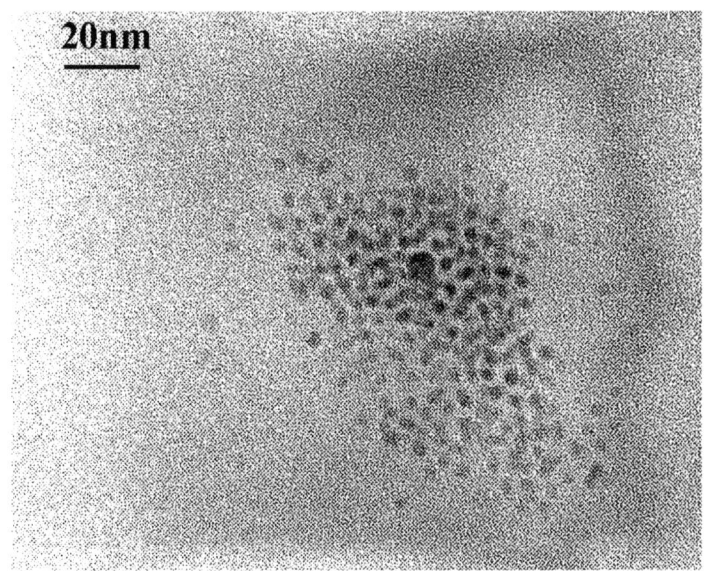

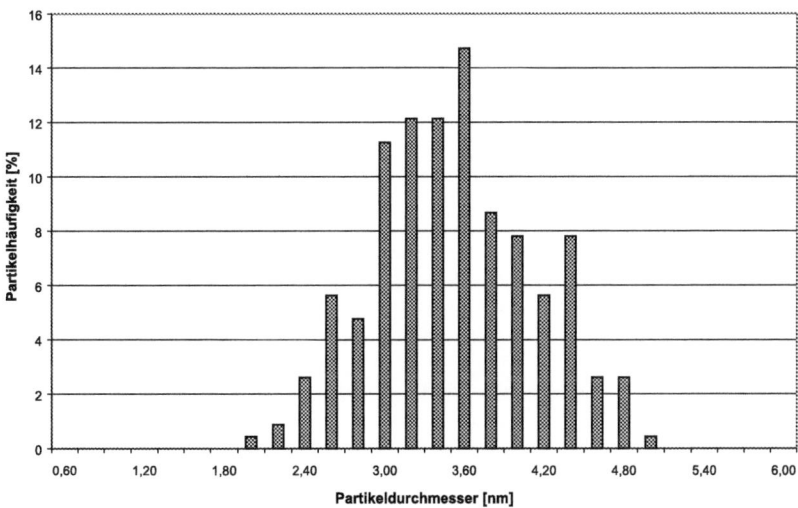

Abb. 6.4:   HRTEM-Aufnahme (oben) und Partikelgrößenverteilung (unten) des **Pd$_{80}$Au$_{20}$-Kolloids 14** (231 Partikel ausgezählt)

6.2.4   Mößbauerspektroskopie des $Pd_{50}Au_{50}$-Kolloids 13

Das **$Pd_{50}Au_{50}$-Kolloid 13** wurde an der TU München mit der Au^{197}-Mößbauerspektroskopie untersucht. Von der Mößbauerspektroskopie können unterschiedliche Informationen erhalten werden:

Die Isomerieverschiebung gibt Auskunft über den Oxidationszustand, die Bindungseigenschaften in Komplexen und die Elektronegativität von Liganden. Anhand der Quadrupolaufspaltung können Molekülsymmetrie, Oxidationszustand, Spinzustand und Bindungseigenschaften ermittelt werden. Schließlich gibt die magnetische Aufspaltung das magnetische Verhalten und, daraus ermittelt, die Wertigkeit, den Betrag und die Richtung lokaler Magnetfelder wieder. Metalle zeigen ein bestimmtes Aufspaltungsmuster für unterschiedliche Oxidationszustände und Nachbarelemente.

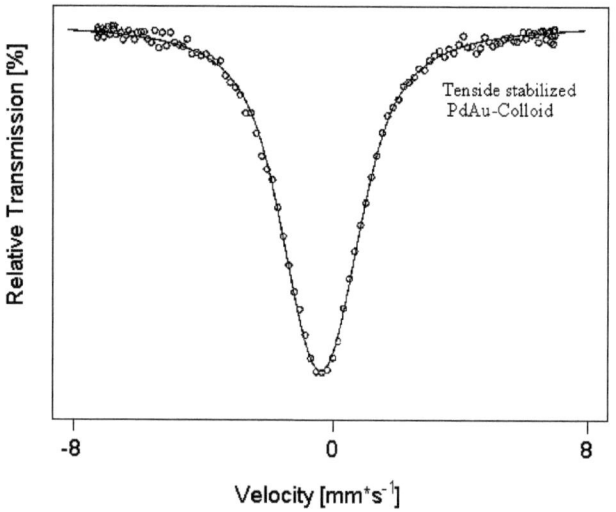

Abb. 6.5:   Mößbauerspektrum des **$Pd_{50}Au_{50}$-Kolloids 13**

Die Isomerieverschiebung von $-0.112 mm.s^{-1}$ des **$Pd_{50}Au_{50}$-Kolloids 13** entspricht der einer Palladium/Gold-Legierung. Zudem zeigt die Messung in etwa die Isomerieverschiebung einer 1:1-Legierung. Die Korrelation mit Werten unterschiedlich zusammengesetzter Bulklegierungen läßt eine Abschätzung von etwa 55atom% Pd und 45atom% Au zu. Diese Werte stehen in guter Übereinstimmung mit den Daten aus Elementaranalyse und EDX.

Es ist nur ein Signal ohne eine weitere Aufspaltung im Spektrum zu erkennen. Das bedeutet, daß es sich um eine homogene Legierung ohne monometallische Anteile handelt. Der Oxidationszustand entspricht ebenfalls der PdAu-Bulklegierung.
Da es nur ein Signal im Spektrum gibt, ist die Intensität des Signals von untergeordneter Bedeutung.

6.3 Trägerfixierung der Kolloide und Charakterisierung der Katalysatoren

6.3.1 Trägerung

Für den Einsatz in der Katalyse werden die PdAu-Kolloide (je nach Anwendung) auf unterschiedliche Trägermaterialien aufgebracht. Für die Untersuchung der Totaloxidation von Ethylen werden ein Silicagel von Acros sowie ein SiO_2-Sprühgranulat der Firma Degussa eingesetzt. Das Silicagel hat eine spezifische Oberfläche von 170m²/g und einen Porendurchmesser von 6nm. Das SiO_2-Pyrolyseprodukt (Aerolyst 304) besitzt eine spezifische Oberfläche von 280m²/g mit einem Porenvolumen von 1,8ml/g und einer Korngrößenverteilung D_{50} von 41µm. Die Fixierung der Organosole bzw. Hydrosole erfolgt durch Zutropfen der redispergierten PdAu-Kolloide zu einer Suspension des jeweiligen Trägers in THF oder Wasser.
Die Mengen werden so gewählt, daß eine Belegung mit 2Gew.% Edelmetall erfolgt (Metall / Metall + Träger). Nach Adsorption des jeweiligen Kolloids wird das Lösungsmittel langsam im HV abgezogen und der erhaltene Katalysator für weitere 16h im HV bei 40°C getrocknet. Die in Wasser geträgerten Kolloide werden an einer Gefriertrocknungsanlage getrocknet.

Für die Herstellung der Katalysatoren für die elektrochemischen Messungen wird wie in Kapitel 5.3.2 beschrieben verfahren. Das in THF redispergierte PdAu-Kolloid wird zu einer Suspension des Trägers (Vulcan XC72) in THF bei 40°C getropft. Die Kolloidmenge wird so gewählt, daß eine Belegung von 20Gew.% Edelmetall resultiert, berechnet aus dem Verhältnis Edelmetall / (Edelmetall + Träger). Nach 24h inniger Durchmischung wird das Lösemittel im HV entfernt und der entstehende PdAu/Vulcan-Katalysator mehrmals mit THF gewaschen. Anschließend wird der Katalysator für 16h im HV bei 40°C getrocknet.

6.3.2   XPS-Messungen

Für die Anwendung der PdAu-Kolloidkatalysatoren in der Totaloxidation von Ethylen und den elektrochemischen Messungen muß zuvor die Schutzhülle der Kolloidkatalysatoren entfernt werden. Mittels XPS wurden die SiO_2 geträgerten PdAu-Kolloidkatalysatoren vor, während und nach der Konditionierung untersucht. Dabei wird neben der Verfolgung der Entfernung der Schutzhülle anhand des Kohlenstoffsignals auch die Veränderung der Metallsignallagen beobachtet.

Die einzelnen Schritte und Bedingungen der Konditionierung bzw. der Aufnahme der XP Spektren wurden wie folgt festgelegt:

a)   Die erste Messung der SiO_2 geträgerten Kolloidkatalysatoren erfolgt direkt nach dem Einschleusen in die UHV-Kammer des XPS-Gerätes. Diese Messung dient der Charakterisierung der Kolloidkatalysatoren in Gegenwart der Schutzhülle.

b)   Nach dem Hochheizen der Probe auf 300°C ($N(Oct)_4Cl$-stabilisierte Kolloidkatalysatoren) bzw. 350°C (CB12-stabilisierte Kolloidkatalysatoren) in Sauerstoffatmosphäre und Tempern für 60min erfolgt die nächste Aufnahme von Spektren.

c)   Zuletzt steht ein reduktiver Temperschritt bei 300°C bzw. 350°C in Wasserstoffatmosphäre für 30min auf dem Programm.

Abbildung 6.6 zeigt die XP-Spektren des Si(2p)-, Au(4f)- und Pd(3d)-Signals des **$Pd_{80}Au_{20}$-Kat. 10**. Von jeder Signallage sind drei Spektren entsprechend der Konditionierungsschritte a)-c) dargestellt. Jedes Spektrum zeigt die gemessenen Werte (kleine Dreiecke), den Fit und die zum Fit benutzten Signallagen. Zusätzlich sind die jeweiligen Bindungsenergien der Bulkmetalle (Pd, Au) bzw. von SiO_2 und Kohlenstoff angegeben.

Der Silizium-Peak des Trägermaterials zeigt während der Konditionierung keine Veränderungen. Die Anpassung mit dem Si(2p)-Signal gelingt sehr gut. Die Gold-Signallage des **$Pd_{80}Au_{20}$-Kat. 10** werden durch das Au(4f)-Signal und durch einen Si(2p)-Satelliten gefittet. Satelliten entstehen durch das Abbremsen der Elektronen bzw. durch nicht monochromatisierte Anregungsstrahlung. Während der Oxidation in 10% Sauerstoff verschiebt sich die Bindungsenergie des Au(4f)-Signals von 83,0eV (entspricht reinem Gold) zu 83,6eV. Nach der abschließenden Reduktion in Wasserstoff wird mit 82,8eV eine Bindungsenergie ermittelt, die dem unbehandelten Kolloidkatalysator entspricht.

Das gemessene Pd-Signal des nicht konditionierten Katalysators bei einer Bindungsenergie von 334,9eV wurde durch das Pd(3d)-Signal (durchgezogene Linie), das Au($4d_{5/2}$)-Signal (gepunktete Linie) und dem Satelliten des Pd($3d_{3/2}$)-Peaks angepaßt. Nach dem Tempern in Sauerstoff entspricht ein Teil des Pd(3d)-Signals einer oxidierten Spezies mit 336,8eV. Das Reduzieren im Wasserstoffstrom bringt den Großteil des Pd(3d)-Signals wieder in die reduzierte Form (334,4eV). Ein Teil des Palladiums bleibt mit einer Bindungsenergie von 337,2eV aber oxidiert.

Die Kohlenstoffspektren sind aus Gründen der Übersichtlichkeit weggelassen worden. Bereits nach dem Oxidieren sind keine meßbaren Intensitäten für das C(1s)-Signal mehr nachweisbar. Das heißt, die Schutzhülle wurde vollständig entfernt.

In Tabelle 6.3 sind die Bindungsenergien des **Pd$_{80}$Au$_{20}$-Kat. 10** während des Konditionierens für Pd, Au und C zusammengestellt. Die fettgedruckten Energien bezeichnen jeweils das Signal mit der höchsten Intensität.

Bindungsenergie [eV]	Pd($3d_{5/2}$)	Au($4f_{7/2}$)	C(1s)
unbehandelt	**334,9**	83,0	284,3
nach Oxidation	335,0/**336,8**	83,6	- -
nach Reduktion	**334,4**/337,2	82,8	- -

Tab. 6.3: Bindungsenergien des **Pd$_{80}$Au$_{20}$-Kat. 10**

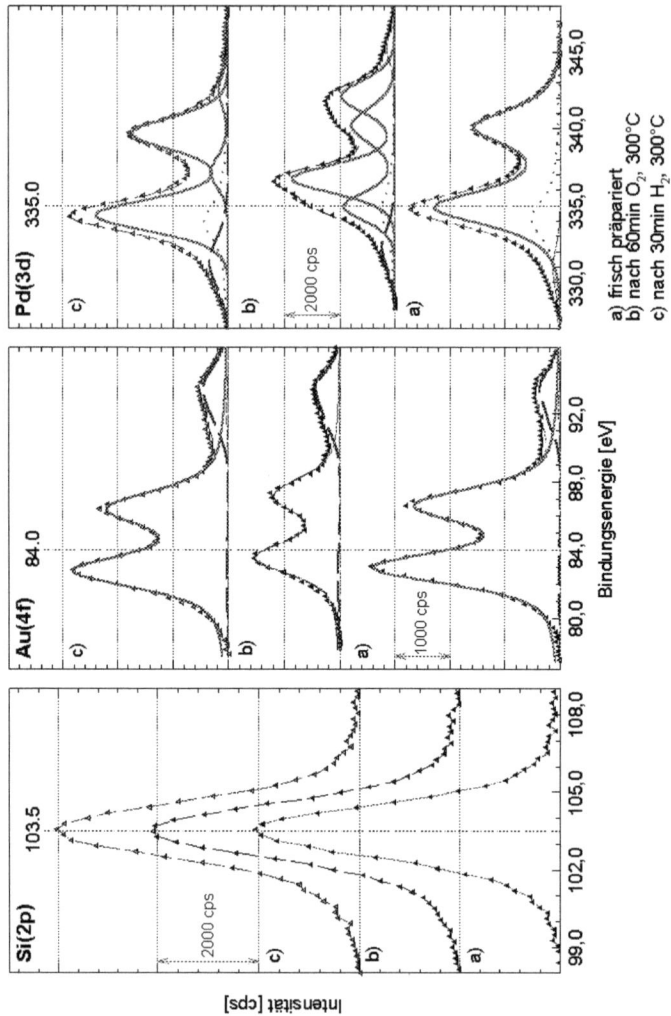

Abb. 6.6: XP Spektren für den **Pd$_{80}$Au$_{20}$-Kat. 10**

Für den **Pd$_{80}$Au$_{20}$-Kat. 11** konnten keine XP Spektren angefertigt werden. Das verwendete Trägermaterial (Pyrolyseprodukt von Degussa) beeinflußt stark die Messungen. Die gefundenen Intensitäten waren so gering, daß eine vernünftige Auswertung nicht möglich war.

Abbildung 6.7 zeigt die erhaltenen XP Spektren des $Pd_{80}Au_{20}$-Kat. 12. Die Signallagen für Si, C und Pd sind dargestellt. Die Signallage für Gold ist nicht dargestellt, da während der Konditionierung keine wesentlichen Veränderungen zu beobachten sind.

Der Silizium-Peak zeigt während der thermischen Behandlung mit O_2 und H_2 erneut keine Veränderungen. Die gemessenen Werte können mit dem Si(2p)-Signal sehr gut gefittet werden.

Vor dem Konditionieren ist deutlich das C(1s)-Signal zu erkennen. Nach der Oxidation bei 350°C sind nur noch Restintensitäten des C(1s)-Signals zu erkennen, die auch nach dem Reduzieren noch vorhanden sind. Dies deutet auf eine nahezu vollständige Entfernung der Schutzhülle hin.

Das gemessene Pd-Signal des nicht behandelten $Pd_{80}Au_{20}$-Kat. 12 weist deutlich oxidierte Pd-Spezies auf. Zur Anpassung der Messung werden deshalb zwei unterschiedlich oxidierte Spezies mit Bindungsenergien von 336,2eV und 337,7eV verwendet. Weiterhin wird das Signal des reduzierten Pd(3d), des $Au(4d_{5/2})$ (gepunktete Linie) sowie das Signal der Satelliten des $Pd(3d_{3/2})$ (gestrichelte Linien) verwendet.

Nach dem Oxidieren in Sauerstoff gelingt die Anpassung der gemessenen Werte mit einer reduzierten Spezies, einer oxidierten Spezies, sowie mit den $Pd(3d_{3/2})$-Satelliten und dem $Au(4d_{5/2})$-Signal.

Nach dem Reduzieren in H_2-Atmosphäre ist das gemessene Pd-Signal in guter Übereinstimmung mit einem Signal für Palladium (Bindungsenergie 334,4eV). Geringfügige Verbesserungen des Fits werden wieder durch Hinzunahme des $Pd(3d_{3/2})$-Satelliten und des Au(4d)-Signals erreicht.

Die erhaltenen Werte der wichtigsten Fitparameter sind in Tabelle 6.4 dargestellt. Der Wert mit der höchsten Intensität ist jeweils fett gedruckt.

Bindungsenergie [eV]	$Pd(3d_{5/2})$	$Au(4f_{7/2})$	C(1s)
unbehandelt	**334,9**/336,2/337,7	83,4	284,7
nach Oxidation	334,8/**336,6**	83,3	285,2
nach Reduktion	**334,4**/337,0	82,75	284,0

Tab. 6.4:   Bindungsenergien des $Pd_{80}Au_{20}$-Kat. 12

Charakteristisch für die XP-Spektren der Kolloidkatalysatoren sind die zu niedrigeren Energien verschobenen Metallsignallagen. Im Vergleich zu Werten der Bulkmetalle werden Verschiebungen von etwa 0,5eV für Pd und 1eV für Au bei den beiden untersuchten

Kolloidkatalysatoren gefunden. Dies ist in Abb. 6.5 und Abb. 6.6 ersichtlich (die Bindungsenergien für die Bulkmetalle sind für Pd und Au jeweils als gestrichelte Linie dargestellt). Dieses Verhalten wurde schon für andere Kolloidkatalysatoren beobachtet und kann mit einem Teilchengrößeneffekt erklärt werden.

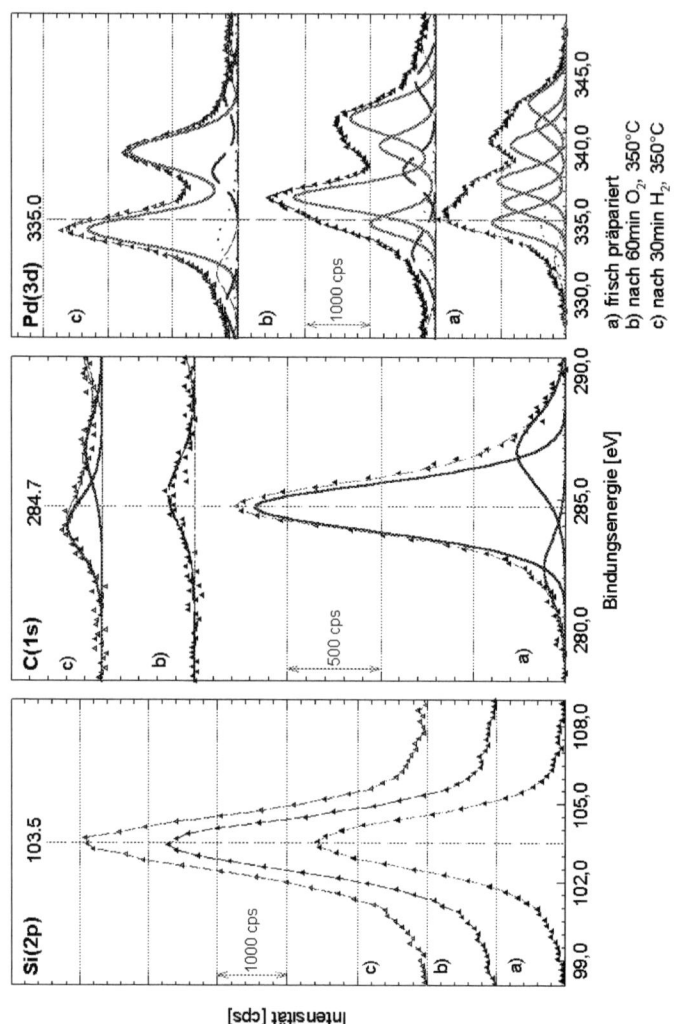

Abb. 6.7: XP Spektren für den **Pd$_{80}$Au$_{20}$-Kat. 12**

6.3.3 TEM-Untersuchung der Katalysatoren

Die verschiedenen PdAu-Kolloidkatalysatoren sowie der Pd-Kolloidkatalysator werden nach dem Konditionieren erneut hinsichtlich ihrer Partikelgröße untersucht, um Agglomerationseffekte der Katalysatoren auszuschließen.
Die erhaltenen, mittleren Partikeldurchmesser und die Anzahl der ausgezählten Teilchen sind in Tabelle 6.5 zusammengestellt Die zugehörigen Partikelgrößenverteilungen können Abb. 6.8 entnommen werden.

Kolloidkatalysator	Partikeldurchmesser [nm]	Anzahl der ausgewerteten Teilchen
Pd-Kat. 9	2,6 ± 1,0	249
$Pd_{80}Au_{20}$-Kat. 10	3,5 ± 1,1	243
$Pd_{80}Au_{20}$-Kat. 11	3,8 ± 1,5	287
$Pd_{80}Au_{20}$-Kat. 12	4,2 ± 1,5	359
$Pd_{80}Au_{20}$-Kat. 13	6,3 ± 2,8	299
$Pd_{70}Au_{30}$-Kat. 14	6,2 ± 3,3	432
$Pd_{50}Au_{50}$-Kat. 15	5,9 ± 2,5	323

Tab. 6.5:   Mittlere Partikeldurchmesser der unterschiedlichen PdAu-Kolloidkatalysatoren

Im Vergleich zu den ungeträgerten Kolloiden ist bei den verschieden präparierten PdAu-Kolloidkatalysatoren ein deutliches Partikelwachstum nach dem Konditionieren zu erkennen. Dieses nimmt mit der Metallbeladung zu (Vergleich der mittleren Partikelgröße der 2Gew.% Katalysatoren mit den 20Gew.% Katalysatoren).
Weiterhin muß angemerkt werden, daß die Mittelwertbildung bei den konditionierten 20Gew.% PdAu-Kolloidkatalysatoren statisch gesehen nicht mehr korrekt ist. Der berechnete mittlere Partikeldurchmessser fällt nicht mehr mit dem Maximum der Partikelhäufigkeit zusammen (siehe Abb. 6.8). Dies ist auf die Agglomeration während des Konditionierens zurückzuführen.

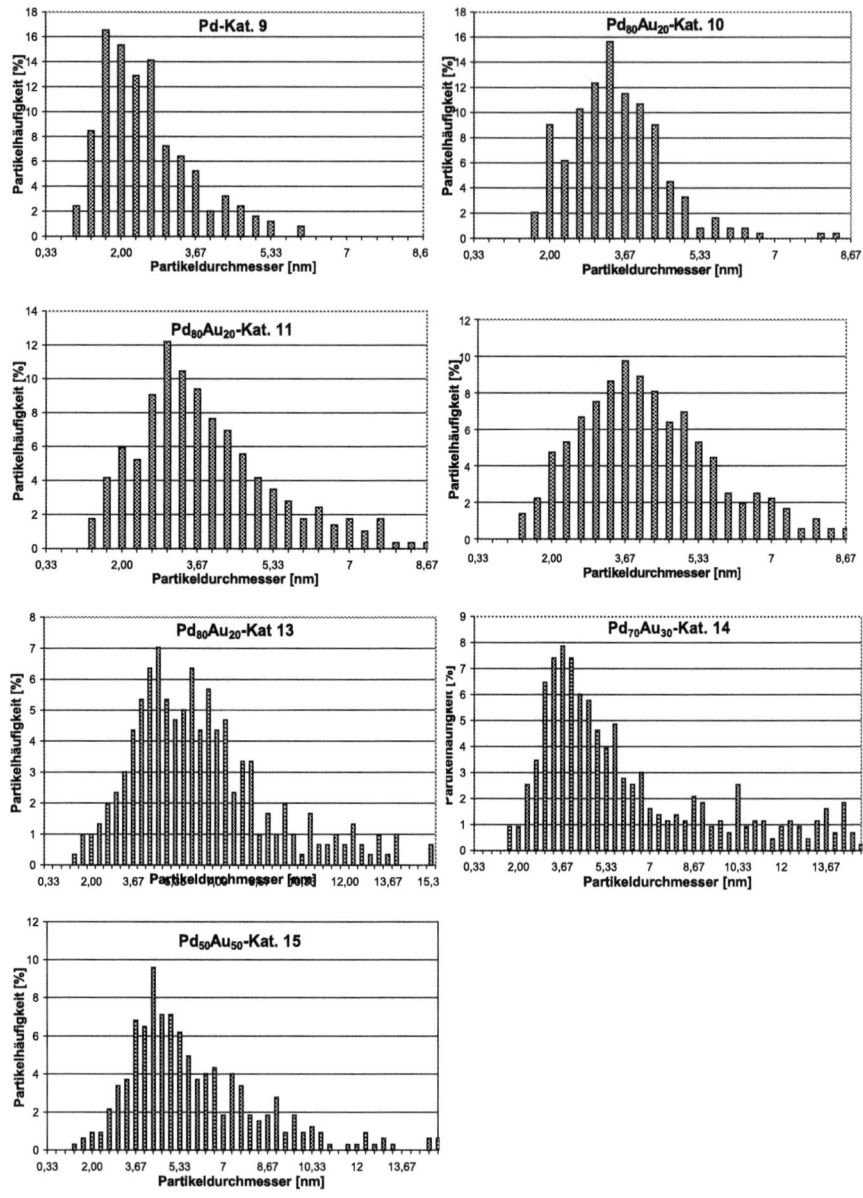

Abb. 6.8: Partikelgrößenverteilungen der unterschiedlichen PdAu- bzw. Pd-Kolloidkatalysatoren nach dem Entfernen der Schutzhülle

6.3.4   AFM-Untersuchung

Die Partikelgrößen des **Pd$_{80}$Au$_{20}$-Kolloids 10** und des **Pd$_{80}$Au$_{20}$-Kolloids 13** wurden zusätzlich zu der Bestimmung der Partikelgrößenverteilungen aus den TEM-Aufnahmen mit AFM überprüft.

Die im non-contact-Modus entstandenen Kraftmikroskopie-Aufnahmen zeigen die adsorbierten PdAu-Kolloide auf einkristallinem α-Quarz $(01\overline{1}0)$. Die so präparierten Proben werden im AFM hinsichtlich ihrer Höhe mittels einer sehr dünn geätzten Spitze vermessen. Eng benachbarte Partikel können mit dieser Methode allerdings nicht ausgemessen werden, da sichergestellt werden muß, daß die Spitze vom Trägermaterial über den Partikel zurück zum Träger gefahren wird, um die tatsächliche Höhe der Teilchen bestimmen zu können.

Abb. 6.9 zeigt eine AFM-Aufnahme des **Pd$_{80}$Au$_{20}$-Kolloid 10** nach der Oxidation mit Sauerstoff. Die wenigen Partikel haben Teilchengrößen zwischen 0,5nm und 4,5nm.

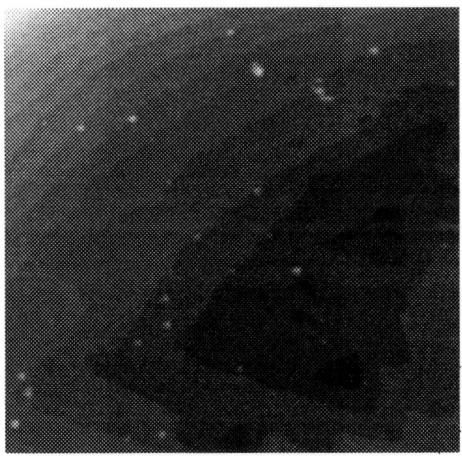

Abb. 6.9:   AFM-Aufnahme eines (90nm.90nm)-Ausschnitts des Trägers (α-Quarz $(01\overline{1}0)$) nach Belegung mit dem **Pd$_{80}$Au$_{20}$-Kolloid 10**

Der stufige Aufbau des einkristallinen Trägers ist in Abb. 6.9 sehr gut zu erkennen. Abb. 6.10 weist im oberen Bildbereich mit breiten Terrassen ein ähnliches Bild wie Abb. 6.9 auf, während im unteren Bildbereich eine stärkere Abstufung und damit verbunden eine erhöhte Partikelanzahl zu finden ist. Deutlich sind erste Agglomerate zu erkennen. Die auswertbaren Partikel haben Größen zwischen 0,8 und 5nm, wobei etwa 85% der Partikel in einer Größenordnung von 0,8-3,2nm gefunden werden.

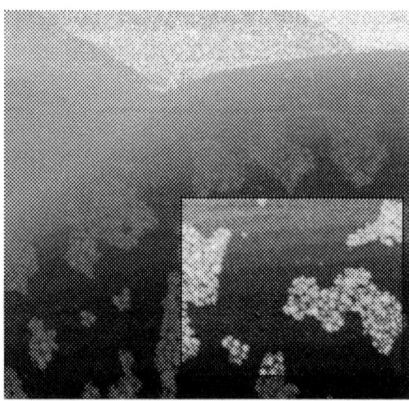

Abb. 6.10:   AFM-Aufnahme eines (75nm.75nm)-Ausschnitts des Trägers (α-Quarz

$(01\overline{1}0)$) nach Belegung mit dem **Pd$_{80}$Au$_{20}$-Kolloid 10**

Die im AFM gefunden Partikelgrößen für das **Pd$_{80}$Au$_{20}$-Kolloid 10** nach Adsorption auf α-Quarz und oxidativer Entfernung der Schutzhülle bei 300°C entsprechen den TEM-Messungen für den konditionierten **Pd$_{80}$Au$_{20}$-Kat. 10**.

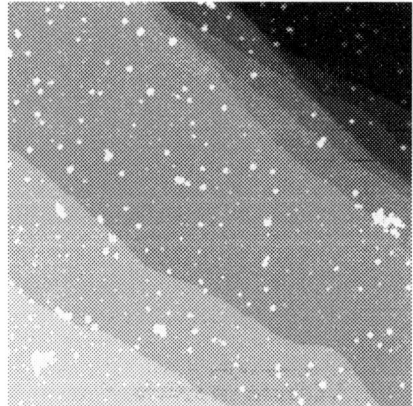

Abb. 6.11:   AFM-Aufnahme eines (90nm.90nm)-Ausschnitts des Trägers (α-Quarz

$(01\overline{1}0)$) nach Belegung mit dem **Pd$_{80}$Au$_{20}$-Kolloid 13**

Die AFM-Aufnahme des **Pd$_{80}$Au$_{20}$-Kolloid 13** nach der Konditionierung zeigt Partikelgrößen von 0,8 bis 6,4nm und steht daher in guter Übereinstimmung mit den Partikelgrößen aus der Auszählung der TEM-Bilder für den konditionierten **PdAu-Kat. 11**. Neben einzelnen, kleinen Partikeln sind auch hier kleinere Agglomerate zu erkennen.

6.3.5   XRD-Untersuchung

Die Vulcan geträgerten PdAu-Kolloidkatalysatoren (**$Pd_{80}Au_{20}$-Kat. 13**, **$Pd_{70}Au_{30}$-Kat. 14** und

$Pd_{50}Au_{50}$-Kat. 15) sind nach dem Konditionieren hinsichtlich Partikelgröße und Zusammensetzung mittels Röntgendiffraktometrie untersucht worden. Abb. 6.12 zeigt die erhaltenen Diffraktogramme für die drei Vulcan geträgerten PdAu-Kolloidkatalysatoren. Die drei Hauptreflexe entsprechen den 111-, 200 und 220-Reflexen von Pd (von links nach rechts im Diffraktogram gesehen). Der kleine Buckel bei etwa 25° entspricht dem 111-Reflex des Graphitträgers.

Bei allen PdAu-Kolloidkatalysatoren ist eine Auftrennung der Peaks zu erkennen. Neben den Hauptpeaks sind noch zu kleineren Winkeln verschobene Peaks goldreicherer Phasen zu erkennen. Während die Ergebnisse der Mößbauerspektroskopie des **$Pd_{50}Au_{50}$-Kolloids 12** mit der Existenz einer homogenen Legierung erklärt werden können, deuten die Diffraktogramme auf einen Segregationseffekt während des Konditionierens hin. Diese Segregationseffekte bei erhöhten Temperaturen (wie z. B. dem Konditionieren) sind insbesondere für Gold bekannt und wurden auch von Juszczyk et al. für SiO_2 geträgerte PdAu-Katalysatoren beobachtet [19]. Offensichtlich wird also bei der Synthese eine homogene Legierung gebildet, bei erhöhten Temperaturen tritt aber Entmischung auf.

Kolloidkatalysator	Zusammensetzung	
	XRD	EA
$Pd_{80}Au_{20}$-Kat. 13	28% Au (80% Au)	24% Au
$Pd_{70}Au_{30}$-Kat. 14	24% Au (90% Au)	29% Au
$Pd_{50}Au_{50}$-Kat. 15	45% Au (----)	44% Au

Tab. 6.6:   Aus XRD-Daten ermittelte Zusammensetzung im Vergleich zu Elementaranalysedaten (EA) der PdAu-Kolloidkatalysatoren

Die Zusammensetzung der PdAu-Kolloidkatalysatoren kann anhand der Lage des 220-Reflexes bestimmt werden. Tab. 6.6 gibt die ermittelten Werte wieder. Für die kleinen Nebenpeaks des **$Pd_{80}Au_{20}$-Kat. 13** sowie des **$Pd_{70}Au_{30}$-Kat. 14** kann ebenfalls die Zusammensetzung ermittelt werden. Diese Werte sind in Klammern dargestellt. Die erhaltenen Werte stimmen mit denen aus der Elementaranalyse gut überein

Aus der Halbwertsbreite der Peaks kann die Partikelgröße abgeschätzt werden. Für die PdAu-Kolloidkatalysatoren ergeben sich dabei Größen von 7-10nm, was in Übereinstimmung mit den Werten der Transmissionselektronenmikroskopie steht.

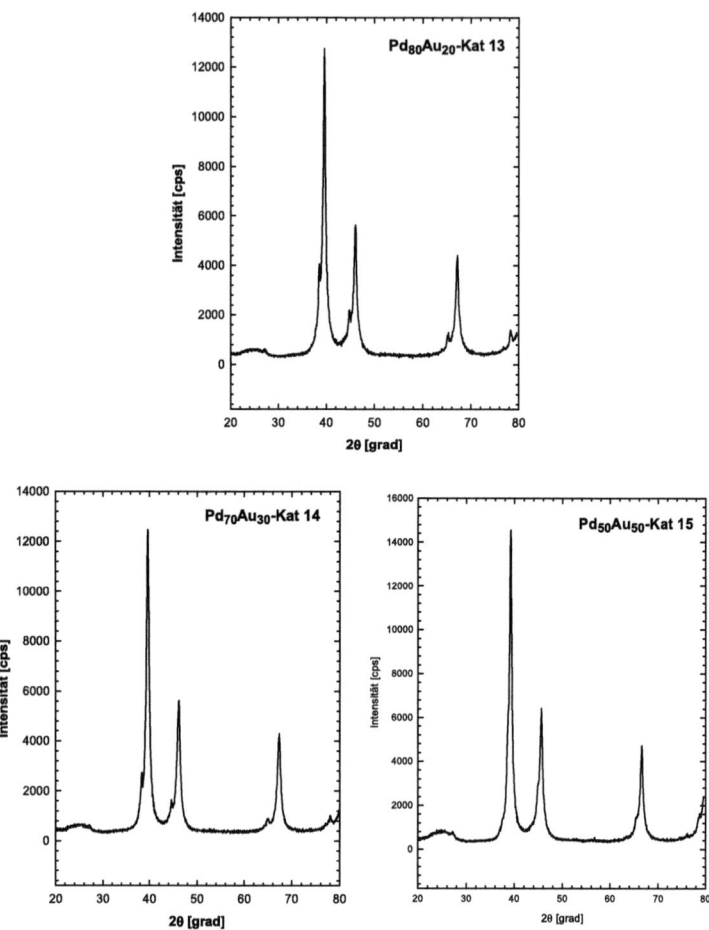

Abb. 6.12:   Diffraktogramme der PdAu-Kolloidkatalysatoren nach dem Konditionieren

6.4   Katalyse

6.4.1   Aktivitätsmessungen in der Totaloxidation von Ethylen an kolloidalen PdAu-Trägerkatalysatoren

Die Aktivitätsmessungen in der Totaloxidation von Ethylen sind von M. Hüttner an der Universität Ulm durchgeführt worden. Sie erfolgen an einem Quarzglas-Rohrreaktor mit angeschlossenem IMR-MS (Ionen-Molekül-Reaktions Massen-Spektrometer) als Analyseeinheit.

Als Reaktionsraum dient ein Quarzglasrohr, in dem der Katalysator auf einem Quarzwollebett fixiert ist. Die gasförmigen Edukte (Ethylen, O_2, N_2 (Inertgas zum Verdünnen)) werden über Durchflußmengenmesser dosiert, in der Zuleitung vor dem Reaktor gemischt und über das Katalysatorbett im Rohrreaktor geführt.

Über einen Bypass werden die Analysemengen vom Produktgasstrom abgezogen. Dabei wird ein differentiell gepumpter Gaseinlaß verwendet, um das Hochvakuum des Massenspektrometers nicht zu zerstören.

Nach dem Einbringen des Katalysators in den Rohrreaktor und Fixierung durch die Glaswolle findet die Katalysatorkonditionierung zur Entfernung der Schutzhülle statt. Dabei werden die zuvor in XPS-Messungen festgelegten Bedingungen eingehalten. Die Kolloidkatalysatoren werden im Inertgasstrom auf die Konditionierungs-temperatur geheizt (300°C für die $N(Oct)_4Cl$-Schutzhülle und 350°C für die CB12-Schutzhülle). Nach dem Erreichen der Temperatur wird eine Mischung von 10% O_2 in N_2 für 60min über den Katalysator geleitet. Danach wird für etwa 10min mit Inertgas gespült, bevor der Katalysator in reinem H_2 für 30min reduziert wird. Der Gesamtfluß der jeweiligen Gase und Gasmischungen beträgt während der Konditionierung 20Nml/min.

Die Standardreaktionsbedingungen für die Totaloxidation von Ethylen beinhalten eine Temperatur von 150°C und einen Gesamtfluß von 25Nml/min mit einer Gaszusammensetzung von 30% Ethylen, 5% O_2 und Rest N_2. Diese Bedingungen stammen aus der Vinylacetat-Synthese und sind übernommen worden.

Die Messung der einzelnen Katalysatoren wurde bis zum Erreichen des stationären Zustands durchgeführt. Abb. 6.12 zeigt die Ergebnisse der Messungen der PdAu-Kolloidkatalysatoren bei 150°C.

Zum Vergleich sind die Aktivitäten des **Pd-Kat. 9** und eines Pd-Katalysators, entstanden aus der Reduktion von Palladiumacetat mit H_2 bei 200°C, ebenfalls abgebildet.

Die reinen Pd-Katalysatoren besitzen eine höhere CO_2-Bildungsrate als die bimetallischen Kolloidkatalysatoren. Dieser Effekt ist aus der Literatur bekannt [14]. Weiterhin ist der Pd-Acetat-Katalysator deutlich aktiver als der Kolloidkatalysator. Teilchengrößeneffekte sind dafür nicht verantwortlich, da die mittlere Teilchengröße des Pd-Acetat-Katalysators mit 3-4nm der des **Pd-Kat. 9** ähnelt.

Aus der Patentliteratur für die Vinylacetatsynthese ist aber bekannt, daß das Acetat einen Einfluß auf die Aktivität und die Selektivität hat. Deshalb werden die weiteren Katalysator-Promotoren wie Kalium und Cäsium häufig als Acetate zu den Katalysatoren zugegeben [20].

Der **$Pd_{80}Au_{20}$-Kat. 11** weist eine deutlich höhere Aktivität als der **$Pd_{80}Au_{20}$-Kat. 10** auf. Da die XPS-Messungen nach der Konditionierung kein Kohlenstoffsignal mehr aufweisen, und somit eine Acetat-Effekt ausscheidet (CB12 = 2-(Dimethylammonio)acetat), kann dies nur von den unterschiedlichen Trägerungsbedingungen herrühren. Während die $N(Oct)_4Cl$-Schutzhülle hydrophob ist und damit THF als Lösungsmittel zum Trägern verwendet werden mußte, ist die CB12-Schutzhülle hydrophil und für eine Trägerung in Wasser geeignet. Zudem unterscheiden sich die Trägermaterialien der beiden Kolloide. Das CB12-stabilisierte PdAu-Kolloid ist auf einem Pyrolyseprodukt der Firma Degussa geträgert worden, während das $N(Oct)_4Cl$-stabilisierte PdAu-Kolloid auf ein Silicagel von Acros geträgert worden ist.

Die in Wasser geträgerten Kolloide ziehen viel schneller auf das SiO_2-Trägermaterial auf. Zudem zeigen sie auch in den TEM-Analysen eine gleichmäßigere Verteilung der Partikel über den Träger. Dagegen weisen die in THF geträgerten Kolloide oft Bereiche auf, in denen sich die Partikel an einer Stelle häufen.

Die Effekte der unterschiedlichen Trägermaterialien sind bei dem Vergleich der beiden Katalysatoren **$Pd_{80}Au_{20}$-Kat. 12** und **$Pd_{80}Au_{20}$-Kat. 11** ersichtlich. Das auf Silicagel geträgerte Kolloid weist eine wesentlich geringere Aktivität als das auf dem Pyrolyseprodukt geträgerte Kolloid auf.

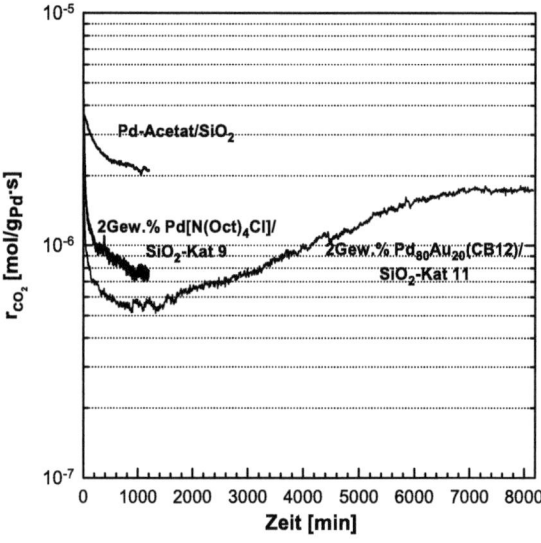

Abb. 6.12: CO_2-Bildungsraten für die Pd- und PdAu-Kolloidkatalysatoren im Vergleich mit einem Pd-Katalysator hergestellt aus Pd-Acetat

Aufgrund der geringen Aktivität des **Pd$_{80}$Au$_{20}$-Kat. 10** und des **Pd$_{80}$Au$_{20}$-Kat. 12** (Silicagel von Acros) sind diese in Abb. 6.12 nicht mit aufgeführt. Lediglich die CO_2-Bildungsrate aus dem stationären Zustand konnte ermittelt werden. Tabelle 6.7 gibt einen Überblick über die CO_2-Bildungsraten der unterschiedlichen PdAu-Kolloidkatalysatoren.

Katalysator	CO_2-Bildungsrate [mol/g$_{Pd}$.s]
Pd$_{80}$Au$_{20}$-Kat. 10 (150°C)	$3,27.10^{-7}$
Pd$_{80}$Au$_{20}$-Kat. 12 (150°C)	$1,02.10^{-7}$
Pd$_{80}$Au$_{20}$-Kat. 11 (150°C)	$1,74.10^{-6}$
Pd$_{80}$Au$_{20}$-Kat. 11 (200°C)	$4,71.10^{-5}$
Pd$_{80}$Au$_{20}$-Kat. 11 (250°C)	$9,24.10^{-4}$

Tab. 6.7: CO_2-Bildungsraten (ermittelt aus dem Gleichgewichtszustand)

In Abb. 6.13 sind die CO_2-Bildungsraten für den **Pd$_{80}$Au$_{20}$-Kat. 11** für unterschiedliche Temperaturen dargestellt. Aus diesen Daten konnte die Aktivierungsenergie zu 115kJ/mol bestimmt werden. Aufgrund der geringen Anzahl von Meßpunkten ist dieser Wert eher als Trend, denn als absolut anzusehen. Bimetallische Pd/Cd-Katalysatoren zeigen unter vergleichbaren Bedingungen eine Aktivierungsenergie von 95kJ/mol [21].

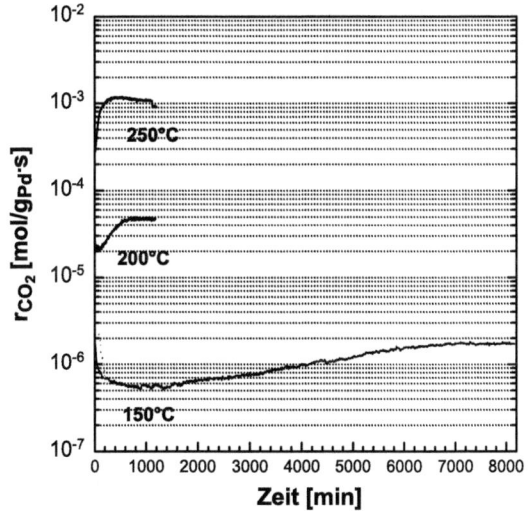

Tab. 6.13: CO_2-Bildungsraten des **Pd$_{80}$Au$_{20}$-Kat. 11** für unterschiedliche Temperaturen

6.4.2 Elektrochemische Messungen an den 20Gew.% PdAu/Vulcan-Katalysatoren; kontinuierliche Oxidation von CO/H_2-Mischungen

6.4.2.1 Wasserstoffoxidation

Für die elektrochemischen Messungen wird die in Kapitel 5.3.3 beschriebene Apparatur verwendet. Abb. 6.14 zeigt die Basis-Cyclovoltammetrie (CV) und die Wasserstoffoxidation des $Pd_{80}Au_{20}$-Kat. 13. Das Basis-CV kann in zwei unterschiedliche Bereiche aufgeteilt werden (Abb. 6.14 a)). Der Potentialbereich von 0,06 bis 0,35V gibt die H_2-Adsorption (anodisch) bzw. die H_2-Desorption (kathodisch) wieder. Da für Goldelektroden bei Potentialen unter 0,6V keine solchen Effekte nachweisbar sind [22], beziehen sich diese Adsorptionseffekte auf die Pd-Plätze des Legierungskolloids.

Die Region oberhalb von 0,35V bis zu 0,75V wird durch die Ausbildung der Helmholtz-Doppelschicht geprägt.

Die Wasserstoffoxidation dient dazu, die Sauberkeit des Systems (z. B. Elektrolyt, Elektroden, Zelle etc.) zu überprüfen. Dabei wird der Elektrolyt mit Wasserstoff gesättigt. Anschließend werden die bei der Wasserstoffoxidation fließenden Ströme bei unterschiedlichen Rotationsgeschwindigkeiten der Arbeitselektrode in einer RDE-Konfiguration (rotierende Scheibenelektrode) gemessen und aufgezeichnet.

In Abbildung 6.14 b) sind die erzielten Stromdichten bei der Wasserstoffoxidation für den $Pd_{80}Au_{20}$-Kat. 13 bei unterschiedlichen Rotations-geschwindigkeiten dargestellt (durchgezogene Linien). Die gestrichelte Linie gibt die theoretisch ermittelte Kurve wieder.

Bei niederen Potentialen ist ein steiler Anstieg der Stromdichte zu erkennen. Dies wird durch die beginnende H_2-Oxidation hervorgerufen. In diesem Bereich fällt die H_2-Konzentration mit zunehmender Stromdichte von der Sättigungskonzentration im Elektrolyten auf Null an der Oberfläche der Elektrode ab. Bei höheren Potentialen befindet man sich auf einem Stromplateau, dem Diffusionsgrenzstrom. Hier ist nur der Stofftransport durch die Diffusionsschicht maßgebend, so daß die Stromdichte unabhängig vom Potential ist. Desweiteren ist zu sehen, daß die Diffusionsgrenzströme von der Drehgeschwindigkeit der Elektrode abhängen. Bei der Rotation wirkt die Elektrode wie eine Pumpe, die den Elektrolyten ansaugt und radial nach außen wegschleudert, so daß mehr Wasserstoff, der im Elektrolyten gelöst ist, an der Elektrode adsorbiert werden kann.

Es werden zu ETEK-Pt/Vulcan-Katalysatoren vergleichbare, diffusionslimitierte Stromdichten gemessen [23]. Im Gegensatz zu dem ETEK-Pt/Vulcan-Katalysator folgen die gemessenen Kurven der H_2-Oxidation des $Pd_{80}Au_{20}$-Kat. 13 bei niederen Potentialen nicht der theoretisch berechneten. Daraus läßt sich ableiten, daß die H_2-Oxidation an PdAu-Katalysatoren nicht ausschließlich diffusionslimitiert, sondern auch geringfügig kinetisch gehemmt ist. Trotz dieser Tatsache sind diese kinetischen Limitierungen nicht so groß, daß sie einen entscheidenden Einfluß auf die Aktivität des Katalysators hätten.

Der in Abb. 6.14 c) gezeigte Levich-Koutecky-Plot gibt Aufschluß über die Qualität der Elektrodenpräparation und der Sauberkeit des gesamten Elektrodensystems. Geringfügige Verunreinigungen würden zu nicht linearen bzw. zu nicht korrelierbaren Werten bei der Auftragung des Kehrwertes der Stromdichte gegen die reziproke Wurzel der Drehzahl führen. Die erhalten Werte der Levich-Konstante Bc_0 von $8,0.10^{-2}(mA/cm^2)(rpm^{-0,5})$ und der kinetischen Stromdichte $i_k=63mA/cm^2$ stehen mit den Werten von ETEK-Pt/Vulcan-Katalysatoren ($Bc_0=7,7.10^{-2}(mA/cm^2)(rpm^{-0,5})$, $i_k=70mA/cm^2$) in guter Übereinstimmung.

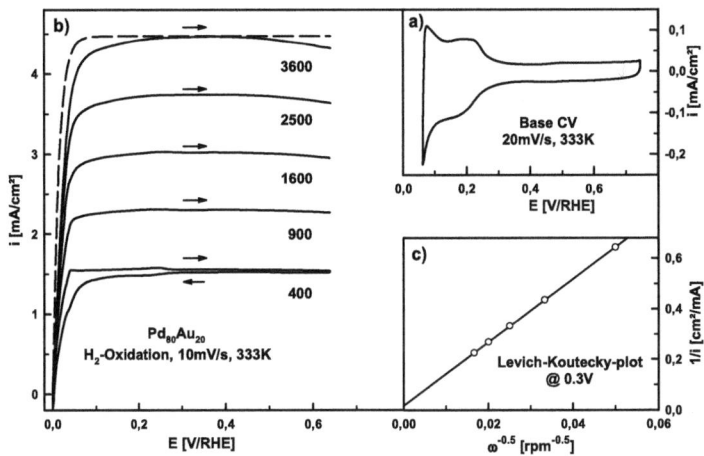

Abb.6.14: a) Basis-CV des **Pd$_{80}$Au$_{20}$-Kat. 13**

b) H$_2$-Oxidation an **Pd$_{80}$Au$_{20}$-Kat. 13**, 0,5M H$_2$SO$_4$, 10mV/s, 60°C

c) Levich-Koutecky-Plot; $i_k=63mA/cm^2$; $Bc_0=8,0.10^{-2}(mA/cm^2)(rpm^{-0,5})$

6.4.2.2 Oxidation von CO/H$_2$-Gasmischungen

Zur Charakterisierung der CO Toleranz der PdAu-Katalysatoren eignet sich der Vergleich der Oxidation von 5% CO in Ar mit einer Mischung aus 5% CO in H$_2$. Abbildung 6.15 a) und b) zeigen diesen Vergleich für den **Pd$_{80}$Au$_{20}$-Kat. 13**, den **Pd$_{50}$Au$_{50}$-Kat. 15** sowie dem 20Gew.% ETEK-Pt$_{50}$Ru$_{50}$/Vulcan-Kat. Der **Pd$_{70}$Au$_{30}$-Kat. 14** gleicht in seinem Verhalten dem

Pd$_{80}$Au$_{20}$-Kat. 13 und ist deshalb aus Gründen der Übersichtlichkeit des Diagramms nicht dargestellt.

Die PdAu-Katalysatoren weisen keine merkliche CO-Oxidation bei 5% CO in Ar über den gesamten Potentialbereich bis 0,65V auf. Lediglich bei etwas höheren Potentialen (>0,5V) zeigen sich geringfügige Unterschiede zwischen den beiden PdAu-Katalysatoren. Im Gegensatz dazu zeigt der PtRu-Vergleichskatalysator einen Anstieg der Stromdichte bei etwa 0,45V und damit eine deutliche CO-Oxidationsaktivität.

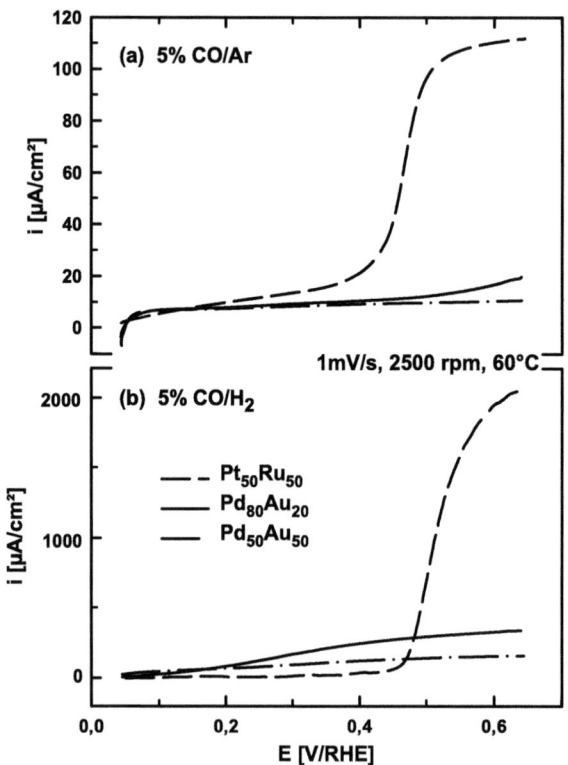

Abb. 6.15:   Oxidation von 5% CO in Ar (a)) und 5% CO in H$_2$ (b)) an dem **Pd$_{80}$Au$_{20}$-Kat. 13, dem Pd$_{50}$Au$_{50}$-Kat. 15** sowie dem 20Gew.% ETEK-Pt$_{50}$Ru$_{50}$/Vulcan-Kat.

Wird die gleiche Messung mit H$_2$ anstatt Ar durchgeführt, zeigt sich eine überraschende Aktivität der PdAu-Katalysatoren bei niedrigen Potentialen (<0,4V). Hier ist der **Pd$_{80}$Au$_{20}$-Kat. 13** dem **Pd$_{50}$Au$_{50}$-Kat. 15** deutlich in der Aktivität überlegen. Diese kinetischen Stromdichten liegen unter der Diffusionslimitierung der H$_2$-Oxidation von 3,6mA/cm^2. Dies führt zu der

Überlegung, daß die Oxidation von H_2 an PdAu-Katalysatoren von dem CO Adsorptions/Desorptions-Gleichgewicht abhängt. Schon bei niedrigeren Potentialen findet die H_2-Oxidation an nicht vollständig mit CO vergifteten Oberflächenplätzen der PdAu-Katalysatoren statt.

Damit läßt sich auch der Unterschied in der Aktivität der beiden PdAu-Katalysatoren erklären. Zum einen folgt aus dem ansteigenden Goldgehalt eine geringere kinetische Aktivität für die H_2-Oxidation und daraus folgend geringere Stromdichten. Zum zweiten verringert ein steigender Goldgehalt, bei einem konstanten Pd/CO-Verhältnis, die Anzahl der freien Pd-Plätze für die H_2-Oxidation.

Die unerwartet hohen Stromdichten bei niedrigen Potentialen für die Oxidation von 5% CO in H_2 veranlaßten weitere Messungen unter praxisrelevanteren CO-Konzentrationen von 1000ppm und 250ppm. Die Ergebnisse dieser Messungen sind in den Abbildungen 6.16-6.18 zusammengefaßt.

Abbildung 6.16 zeigt die Oxidation von 1000ppm CO in H_2 bei 60°C für die drei unterschiedlichen PdAu-Kolloidkatalysatoren sowie dem ETEK-$Pt_{50}Ru_{50}$-Katalysator. Bei Potentialen unter 0,3V sind der **$Pd_{80}Au_{20}$-Kat. 13** und der **$Pd_{70}Au_{30}$-Kat. 14** bis zu 10-20 mal aktiver, während der **$Pd_{50}Au_{50}$-Kat. 15** immerhin noch 3-5 mal aktiver ist als der 20Gew.% ETEK-$Pt_{50}Ru_{50}$/Vulcan-Kat ist. Bei Potentialen über 0,3V verliert sich dieser Effekt, da der

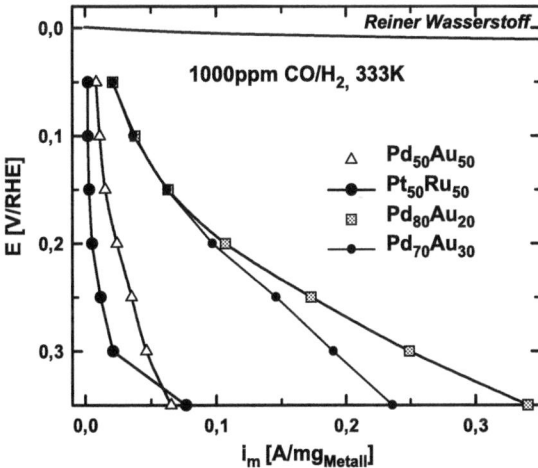

Abb. 6.16:   Oxidation von 1000ppm CO in H_2 bei 60°C an dem **$Pd_{80}Au_{20}$-Kat. 13**, dem **$Pd_{70}Au_{30}$-Kat. 14**, dem **$Pd_{50}Au_{50}$-Kat. 15** und dem 20Gew.% ETEK-$Pt_{50}Ru_{50}$/Vulcan-Kat.

20Gew.% ETEK-Pt$_{50}$Ru$_{50}$/Vulcan-Kat durch die einsetzende CO-Oxidation aktiver als die PdAu-Katalysatoren wird.

Ein weiterer Vergleich der Aktivitäten des 20Gew.% ETEK-Pt/Vulcan-Kats, des 20Gew.% ETEK-Pt$_{50}$Ru$_{50}$/Vulcan-Kats sowie des aktivsten PdAu-Katalysators (**Pd$_{80}$Au$_{20}$-Kat. 13**) wird bei 80°C durchgeführt (Abb. 6.17). Wiederum zeigt der PdAu-Katalysator im Potentialbereich bis 0,25V eine 2-3-fach gesteigerte Aktivität gegenüber PtRu und eine bis zu 8-fache Aktivitätssteigerung zu reinem Platin. So wird eine Stromdichte von 140mA/mg$_{Metall}$ bei einem Potential von 0,11V gemessen. Damit liegt der **Pd$_{80}$Au$_{20}$-Kat. 13** aber immer noch um einen Faktor 3,5 zu niedrig für einen Einsatz in der Technik.

Trotz dieser erheblichen Aktivitätssteigerung an den PdAu-Katalysatoren sind die zu erreichenden Stromdichten dieser Katalysatoren für den industriellen Einsatz noch zu gering. Ein vernünftiger Wert für den Praxisbetrieb wäre eine Stromdichte von 500mA/mgMetall bei einem Potential von 0,1V.

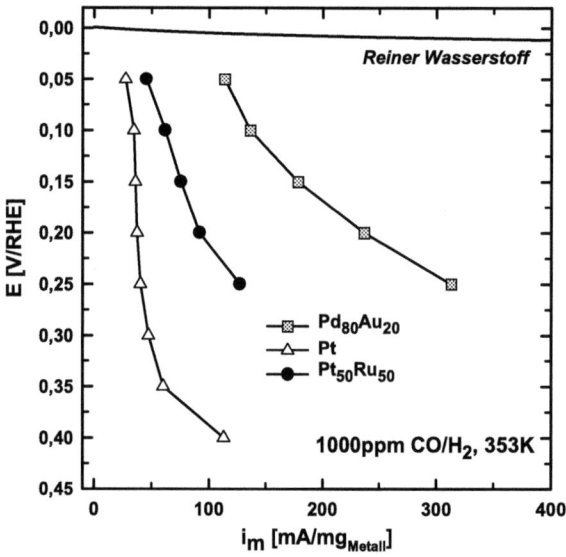

Abb. 6.17:   Oxidation von 1000ppm CO in H$_2$ bei 80°C an dem **Pd$_{80}$Au$_{20}$-Kat. 13**, einem 20Gew.% ETEK-Pt/Vulcan-Kat. und dem 20Gew.% ETEK-Pt$_{50}$Ru$_{50}$/Vulcan-Kat.

In Abbildung 6.18 wird schließlich die Oxidation von 250ppm CO in H$_2$ an unterschiedlichen ETEK-Katalysatoren (20Gew.% Pt/Vulcan, 20Gew.% Pt$_{50}$Ru$_{50}$/Vulcan und 20Gew.%

Pt_3Sn/Vulcan) mit zwei der PdAu-Katalysatoren (**$Pd_{80}Au_{20}$-Kat. 13, $Pd_{70}Au_{30}$-Kat. 14**) verglichen. Die Temperatur beträgt 60°C, da der experimentelle Aufbau keine Aussagen bei niederen CO-Gehalten und gleichzeitig erhöhten Temperaturen zuläßt. Die Einstellung des Absorptions/Desorptions-Gleichgewichts bei 80°C und 1000ppm benötigt etwa 3-4 Stunden. Daher sind Messungen bei 80°C und noch geringeren CO-Gehalten in dieser Apparatur nicht möglich. Eine Gleichgewichtseinstellung ist aber für aussagekräftige Meßdaten und deren Interpretation zwingend notwendig.

Die Auftragung zeigt eindeutig die Aktivitätsunterschiede der einzelnen Katalysatoren. Der Pt-Katalysator weist ein hohes Überpotential für die H_2-Oxidation von etwa 0,5V auf. Dies kann durch die Legierung mit Ru oder Sn auf 0,3 bzw. 0,2V gesenkt werden. Die PdAu-Katalysatoren sind dagegen schon bei Potentialen unter 0,2V aktiv. Während die auf Pt basierenden Katalysatoren ein definiertes Potential aufweisen, ab dem sie H_2 oxidieren können, zeigen die PdAu-Katalysatoren auch bei sehr kleinen Potentialen eine nennenswerte Aktivität. Im Gegensatz zu den Pt bzw. Pt-Legierungskatalysatoren werden die PdAu-Katalysatoren offensichtlich nie vollständig von CO vergiftet.

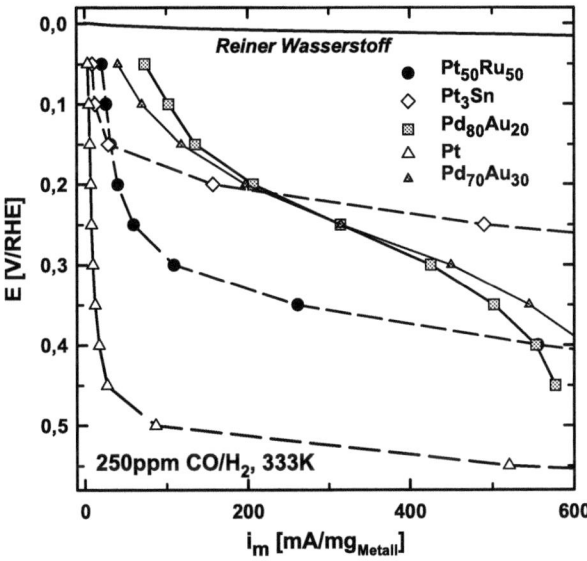

Abb. 6.18:   Oxidation von 250ppm CO in H_2 bei 60°C an dem **$Pd_{80}Au_{20}$-Kat. 13**, dem **$Pd_{70}Au_{30}$-Kat. 14** und dem 20Gew.% ETEK-Pt-, Pt_3Sn-, $Pt_{50}Ru_{50}$/Vulcan-Kat.

Es ist zu bemerken, daß die kolloidalen PdAu-Katalysatoren sogar die Aktivität von Pt_3Sn bei Potentialen unter 0,2V übertreffen. Dies ist äußerst bemerkenswert, da Pt_3Sn unter den gewählten Bedingungen als der zur Zeit aktivste Katalysator bezeichnet wird. Damit kann der $Pd_{80}Au_{20}$-Kat. 13 bei einem Potential von <0,2V als der aktivste Katalysator für die Oxidation von CO/H_2-Gasmischungen bezeichnet werden. Im Hinblick auf den Praxiseinsatz sind gerade solche geringen Überpotentiale von Bedeutung. Allerdings ist auch hier die erreichte Stromdichte noch immer zu gering.

Trotzdem stellen diese PdAu-Kolloidkatalysatoren aufgrund ihrer hohen CO Toleranz und der gezeigten Aktivität neue, interessante Elektrodenmaterialien dar. Weitergehende Untersuchungen in Vollzellen sind in Vorbereitung.

6.5 Synopse zu 6

Die Koreduktion der entsprechenden Metallsalze mit Tetraoctylammonium-triethylhydroborat liefert bimetallische PdAu-Kolloide. Legierte PdAu-Partikel erhält man nur beim Zutropfen der gelösten Metallsalze zum Reduktionsmittel. Variation der Edelmetallstöchiometrie führt zu den entsprechenden Legierungs-zusammensetzungen. $N(Oct)_4Cl$ als Tensid läßt sich gegen das wasserlösliche CB12 austauschen.

Die Bestimmung der Partikelgröße und der Nachweis der Legierungsbildung erfolgt mittels HRTEM/EDX-Analyse. Im **$Pd_{50}Au_{50}$-Kolloid** **13** sind die Metalle laut Au[197]-Mößbauerspektroskopie homogen legiert.

Für den Einsatz in der Katalyse können die PdAu-Kolloide an handelsübliche Trägermaterialien adsorbiert werden. Für die Totaloxidation von Ethylen werden die Kolloide $Pd_{80}Au_{20}$-Kolloid **11** und $Pd_{80}Au_{20}$-Kolloid **12** mit 2Gew.% Metall auf SiO_2 geträgert (Silicagel von Acros und Pyrolyseprodukt von Degussa).

Für die elektrochemischen Messungen werden die PdAu-Kolloide ($Pd_{80}Au_{20}$-Kolloid **11**, $Pd_{70}Au_{30}$-Kolloid **12** und $Pd_{50}Au_{50}$-Kolloid **13**) an einem graphitisierten Ruß (Vulcan XC72) adsorbiert. Die Edelmetallbeladung beträgt 20Gew.% (ohne Schutzhülle). Vor dem Einsatz in der jeweiligen Katalyse werden die Kolloidkatalysatoren durch Abbrennen bei Temperaturen von 300-350°C von der Schutzhülle befreit. Die SiO_2-geträgerten PdAu-Kolloide (2Gew.%) weisen nach dem Konditionieren mittlere Partikeldurchmesser von 3,5-4,2nm (siehe Tab. 6.5) auf. Nach dem Aufbringen der Kolloide auf α-Quarz und anschließendem Konditionieren werden in AFM-Untersuchungen zu den TEM-Messungen übereinstimmende Partikelgrößen beobachtet.

Noch ausgeprägter ist das Partikelwachstum der 20Gew.% PdAu-Vulcankatalysatoren. Hier werden mittlere Partikeldurchmesser von 5,9-6,3nm beobachtet. Zudem zeigt sich nach dem Konditionieren im XRD eine Segregation von Gold. Neben den Hauptreflexen treten kleine Nebenreflexe goldreicherer Phasen auf.

Die Totaloxidation von Ethylen zu CO_2 mit den einzelnen PdAu-Katalysatoren ergibt sehr unterschiedliche Aktivitäten. Der Träger hat einen deutlichen Einfluß auf die Aktivität. Der $Pd_{80}Au_{20}$-Kat. 12 zeigt mit $1,02.10^{-7}mol/g_{Pd}.s$ die niedrigste Aktivität, während der $Pd_{80}Au_{20}$-Kat. 11 mit $1,02.10^{-7}mol/g_{Pd}.s$ die höchste aufweist.

Für den $Pd_{80}Au_{20}$-Kat. 11 konnte die Aktivität bei 150°C, 200°C und 250°C bestimmt werden. Daraus errechnet sich die Aktivierungsenergie der Totaloxidation zu 115kJ/mol.

Die PdAu-Katalysatoren wurden in der elektrochemischen Oxidation von H_2 in Gegenwart von CO getestet. Obwohl die Kolloidkatalysatoren nicht in der Lage sind, CO zu oxidieren, zeigen sie in Gegenwart von CO verunreinigtem Wasserstoff eine erstaunliche Aktivität für die H_2-Oxidation bei sehr niedrigen Überpotentialen. Die H_2-Oxidation wird an PdAu-Kolloidkatalysatoren nicht vollständig unterdrückt, da offensichtlich immer noch genügend freie Oberflächenplätze für die Oxidation des Wasserstoffs zur Verfügung stehen.

Die Oxidation von H_2 mit 1000ppm CO bei 60°C zeigt eine deutlich gesteigerte Aktivität der PdAu-Kolloidkatalysatoren im Vergleich zu einem industriellen $Pt_{50}Ru_{50}$-Katalysator. Der aktivste PdAu-Kolloidkatalysator ist $Pd_{80}Au_{20}$-Kat. 13. Bei Erhöhung der Temperatur um 20°C verdoppelt sich die Aktivität des $Pd_{80}Au_{20}$-Kat. 13 nahezu (Abb.6.17). Elektrochemische Bestimmung der Aktivität in H_2-Gasmischungen mit 250ppm CO bei 60°C belegen die außerordentliche Aktivität des $Pd_{80}Au_{20}$-Kat. 13. Bei einem Überpotential bis 0,2V stellt dieser Katalysator das zur Zeit aktivste System dar. Selbst die Aktivität des aktivsten, industriellen Katalysators (Pt_3Sn), wird bei niedrigen Überpotentialen übertroffen.

6.6   Literatur zu 6

[1]   K. Weissermel, H.-J. Arpe, Industrielle organische Chemie, 4. Auflage, VCH, Weinheim, 217 (1987)

[2]   D.J. Gulliver, S.J. Kitchen, US Pat. 5567839, (1996)

[3]   R. Abel, K.-F. Wörner, Eur. Pat. 0634209A1, (1994)

[4]   P.M. Colling, US Pat. 5314858, (1994)

[5]   J.W. Couves, P. Meehan, Physica B **208&209**, 665 (1995)

[6]   A. Malinowski, W. Juszczyk, D. Lomot, J. Pielaszek, Z. Karpinski, Polish J. Chem. **69**, 308 (1995)

[7]   R.S. Tanke, WO Pat.97/33690, (1997)

[8]   J.B. Michel, J.T. Schwarz, Stud. Surf. Sci. Catal. **31**, 669 (1987)

[9]   G. Schmid, H. West, J.-O. Malm, J.-O. Bovin, C. Grenthe, Chem. Eur. J. **2**, No.9, 1099 (1996)

[10]   N. Toshima, Macromol. Symp. **105**, 111 (1996)

[11]   Y. Mizukoshi, K. Okitsu, Y. Maeda, T. A. Yamamoto, R. Oshima, Y. Nagata, J. Phys. Chem. B **101**, No. 36, 7033 (1997)

[12]   M. Harada, K. Asakura, N. Toshima, J. Phys. Chem. **97**, 5103 (1993)

[13]   R. Ruer, Z. anor. Chem. **51**, 391 (1906)

[14]   H.R. Gerberich, N.W. Cant, W.K. Hall, J. Catal. **16**, 204 (1970)

[15]   S. Adam, A. Bauer, O. Timpe, U. Wild, G. Mestl, W. Bensch, R. Schlögl, Chem. Eur. J. **4**, No.8, 1458 (1998)

[16]   J.H. Fishman, US Pat. 3510355, (1970)

[17]   M. Haruta, Cat. Today **36**, 153 (1997)

[18]   P. Neiteler, Dissertation, RWTH Aachen (1992)

[19]   W. Juszczyk, Z. Karpinski, D. Lomot, J. Pielaszek, J.W. Sobczak, J. Catal. **151**, 67 (1995)

[20]   A. Roland, K.-F. Wörner, Eur. Patent 0634209A1, (1994)

[21]   Noch nicht veröffentlichte Ergebnisse des AK Behm

[22]   M. Baldauf, D.M. Kolb, Electrochim. Acta **38**, 52 (1999)

[23]   T.J. Schmidt, H.A. Gasteiger, R.J. Behm, P. Britz, H. Bönnemann, J. Electrochem. Soc. **145**, 925 (1998)

II   Zusammenfassung

Vorliegende Dissertation beschäftigt sich mit der Synthese, Charakterisierung und Anwendung von ein- und mehrmetallischen (1-20nm) Metallkolloiden als Precursor für Chemie- und Brennstoffzellenkatalysatoren.

Zunächst steht die schonende Entfernung der Schutzhülle zwecks Aktivitätserhöhung der Kolloidkatalysatoren in der Katalyse im Vordergrund. Oberflächenaktive Prozesse, wie Gasphasenoxidationen (Ethylenoxidation) oder elektrochemische Anwendungen (Brennstoffzelle) reagieren auf „Verunreinigungen" der Metalloberfläche durch organische Moleküle (Schutzhülle) sehr empfindlich.

In Kapitel 2 ist die Destraktion der Schutzhülle tensid-stabilisierter Platinkolloide beschrieben, in Kapitel 3 die Destraktion von Silberkatalysatoren auf Kolloidbasis.

In Kapitel 4 wird eine aluminiumorganische Kolloidsynthese vorgestellt. In situ XANES- und NMR-Untersuchungen geben einen Einblick in den Ablauf der Synthese. Kapitel 5 schildert die Vorteile metallorganischer Nanoteilchen in der Brenstoffzelle. Kapitel 6 diskutiert PdAu-Kolloide als platinfreie Brennstoffzellen-katalysatoren.

Ergebnisse

1.   Destraktion:

Die Destraktion Tetraoctylammonium-stabilisierter Platinkolloide erfolgt durch den Zusatz von Methanol zum scCO$_2$. Die Destraktion mit überkritischem CO$_2$/Methanol ermöglicht eine vollständigere und schonendere Entfernung der Schutzhülle als die Flüssigphasenextraktion. Der Austrag des Platins ist gegenüber der Flüssigphasenextraktion deutlich reduziert. TEM-Analysen vor und nach der Destraktion belegen den vollständigen Erhalt der Partikelgröße. Ein Partikelwachstum wird im Gegensatz zur thermisch, oxidativen Entfernung nicht beobachtet. Die Standardhydrierung von Crotonsäure zeigt allerdings nur geringe Aktivitätsunterschiede bei unterschiedlich gereinigten Platinkatalysatoren. Ein nicht von der Schutzhülle befreiter Pt-Kolloidkatalysator zeigt hingegen etwas verminderte Aktivität.

2.   Ethylenoxidation:

Die Umsetzung von Silberneodekanoat mit Tetraoctylammonium-triethylhydroborat führt zu Silberkolloid-Precursoren mit Silbergehalten von 10Gew.% und Partikeldurchmessern von 2-20nm. Durch einen Fäll- und Redispergierprozeß gelingt es den Metallgehalt auf 50-60Gew.% zu erhöhen. Die Adsorption der Kolloidteilchen ergibt aufgrund der Beschaffenheit des vorgegebenen Trägermaterials nur sehr geringe Beladungen (ca. 0,5Gew.% Ag). Tränken der Aluminiumoxidhohlkörper mit aufkonzentrierten Kolloidlösungen (bis zu 25Gew.% Ag) führt zu Katalysatoren mit bis zu 10Gew.% Silber. Allerdings tritt dabei Partikelwachstum ein, so daß auf dem Träger Silberteilchen von bis zu 260nm Größe im TEM beobachtet werden. Ein so präparierter Silberkolloidkatalysator zeigt in der Ethylenoxidation keine Aktivität.

Nach Entfernen der Schutzhülle durch Destraktion mit scCO$_2$/Methanol werden unter Erhalt der Partikelgrößen aktive Katalysatoren erhalten. Mit geringerem Silbergehalt (2Gew.%) lassen sich Silberkolloidkatalysatoren mit kleineren Partikelgrößen (2-40nm) herstellen.

Der **Ag-Kat. 5** zeigt nach Destraktion mit scCO$_2$/Methanol in der Ethylenoxidation im Unterschied zu **Ag-Kat. 4** (2-260nm) schon zu Beginn des Tests Aktivität. bei einer Selektivität von 70% werden EO-Konzentrationen von 0,5-0,6% im Produktgas beobachtet (Abb. 3.6). Im Vergleich mit industriellen Silberkatalysatoren liefert der **Ag-Kat. 5** mit nur 1/8 des Silberaufwands eine proportional höhere EO-Aktivität (1/4).

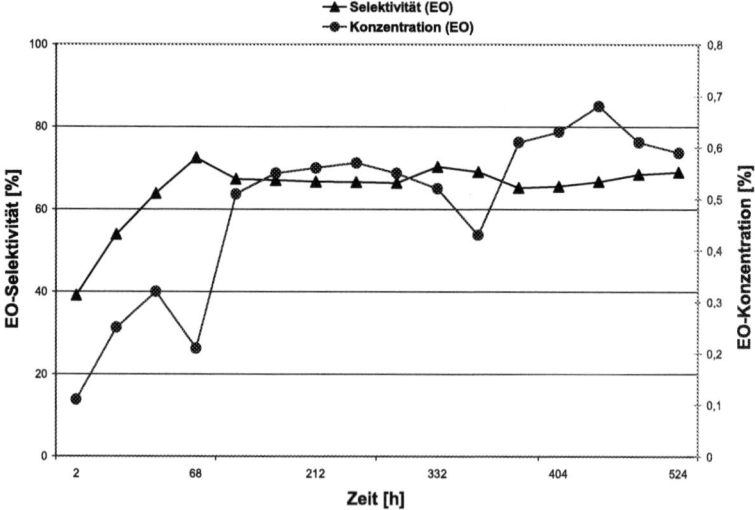

Abb. 3.6:   Reaktionsprofil des **Ag-Kat. 5**

3.   Aluminiumorganische Kolloidsynthese:

Die Synthese bei 60°C führt innerhalb von 24h zu einer schwarzen, kolloidalen Lösung, in der kein Pt(acac)$_2$ mehr nachweisbar ist. Der Verlauf der Umsetzung von Platinacetylacetonat mit Trimethylaluminium wurde mit verschiedenen spektroskopischen Methoden untersucht.

Laut IR-Messungen enthält das **Pt-Kolloid 2** ein am Aluminium koordiniertes Acetylaceton. Ferner werden Absorptionsbanden von Al-CH$_3$-Gruppen nachge-wiesen. Die für Al-O-Al typische breite Bande bei 806cm^{-1} weist auf oligo- oder polymere Aluminiumoxide hin. Die Al-CH$_3$-Gruppen in der Schutzhülle erlauben eine reaktive Modifikation des Stabilisators zwecks Anpassung der Dispersions-eigenschaften an hydrophile Lösemittel inklusive Wasser (z.B. **Pt-Kolloid 3**).

Laut TEM-Analysen zeigt **Pt-Kolloid 2** einen mittleren Partikeldurchmesser von 1,1 ± 0,4nm mit einer sehr engen Verteilung. Die Modifikation verändert die Größe der Platinteilchen nicht (**Pt-Kolloid 3:** 1,2 ± 0,4nm).

Ex situ XANES-Spektroskopie zeigt eine Kantenresonanz, die der einer Pt-Metallfolie ähnelt. Lage und Höhe der Kantenresonanz stehen mit einem nullwertigen Platin im Einklang. Die EXAFS-Spektren sind aufgrund der geringen Teilchengröße und geringer Kristallinität nur qualitativ auszuwerten. Die so erhaltenen Pt-Pt-Abstände (2,71Å) lassen eine Gitterkontraktion erkennen, wie sie auch für tensidstabilisierte Pt-Kolloide gefunden wurde.

In situ NMR-Spektroskopie belegt das Auftreten eines binuklearen Platinkomplexes mit einer Pt-Methylgruppe bei der Bildung der Teilchen als Vorstufe der Kolloide. Folge- bzw. Nebenreaktionen des Al(CH$_3$)$_3$ mit dem Acetylacetonat bedingen den überstöchiometrischen Verbrauch an Aluminiumalkyl während der Synthese. Als wesentliche Nebenreaktion läuft die Bildung eines Methylethers ab. Aber auch Alkylierungsreaktionen sind nachweisbar.

Mittels in situ XANES-Spektroskopie konnte die aluminiumorganische Kolloidsynthese ebenfalls verfolgt werden. Nach 1:18h ist der Reduktionsvorgang bei Raumtemperatur abgeschlossen. Die in Lösung ermittelte Kantenresonanz zeigt im Vergleich zum Referenzspektrum einer Platinmetallfolie eine wesentliche Verbreiterung sowie eine deutliche Verschiebung zu höheren Energien. Trockene Kolloidpulver weisen diesen Unterschied zur Platinfolie nicht auf, XANES-Messungen von in Toluol redispergierten Kolloidpulvern zeigen wie bei der in situ Messung wiederum eine erneute Verbreiterung und Verschiebung.

4.   Brennstoffzellenkatalysatoren:

Die Koreduktion von Platin(II)- und Ruthenium(III)-acetylacetonat (Pt:Ru = 1:1) mit Aluminiumtrimethyl in Toluol liefert ein Bimetallorganosol mit einem mittleren Partikeldurchmesser von 1,2 ± 0,3nm (**Pt$_{50}$Ru$_{50}$-Kolloid 8**). Nach Modifikation der Al-C-Bindungen in der Schutzhülle mit einem Polyethylenglykol entsteht ein wasserlösliches Bimetallkolloid (**Pt$_{50}$Ru$_{50}$-Kolloid 9**) von nahezu unveränderter Partikelgröße (1,4 ± 0,4nm). XANES/EXAFS-Messungen an der Pt-L$_{III}$ sowie der Pt-L$_{I}$-Kante weisen auf das Vorliegen einer Legierung hin. XPS-Messungen direkt nach der Synthese belegen den metallischen Charakter von Pt und Ru im Kolloid. Bei Temperaturen von 250°C (**Pt$_{50}$Ru$_{50}$-Kolloid 8**) bzw. 300°C (**Pt$_{50}$Ru$_{50}$-Kolloid 9**) gelingt die Entfernung der Kohlenstoffbestandteile der Schutzhülle. Aluminium verbleibt als Oxid auf der Oberfläche der Kolloide. Adsorption dieser PtRu-Kolloide an Vulcan führt zu Brennstoffzellen-Katalysatoren mit 20Gew.% Metallbeladung. Im TEM ist gegenüber dem Kolloidprecursor kein signifikantes Partikelwachstum nachweisbar. Nachfolgende Konditionierung zur Entfernung der Schutzhülle verläuft unter sehr geringem Partikelwachstum. Die zum Test einsatzfähigen Katalysatoren weisen Partikelgrößen von 1,5 ± 0,4nm für das **Pt$_{50}$Ru$_{50}$-Kolloid 8** und 1,8 ± 0,4nm für das **Pt$_{50}$Ru$_{50}$-Kolloid 9** auf. CO-Stripping Experimente zeigen sehr hohe Peakpotentiale von 0,66V (**Pt$_{50}$Ru$_{50}$-Kolloid 8**) und 0,63V (**Pt$_{50}$Ru$_{50}$-Kolloid 9**) gegenüber der Pt$_{50}$Ru$_{50}$-Bulklegierung (0,5V). Dies läßt auf eine teilweise segregierte Legierung mit Platinüberschuß an der Partikeloberfläche schließen. In der potentiodynamischen Oxidation von 2% CO in Wasserstoff erreichen aluminiumorganisch präparierte PtRu-Kolloidkatalysatoren (**Pt$_{50}$Ru$_{50}$-Kat. 7**, **Pt$_{50}$Ru$_{50}$-Kat. 8**) dasselbe Oxidationspotential wie ein N(Oct)$_4$Cl-stabilisierter PtRu-Kolloidkatalysator. Sie sind aktiver als ein kommerziell erhältlicher ETEK PtRu-Katalysator. Potentiostatische Messungen mit 250ppm CO im Wasserstoff ergeben am **Pt$_{50}$Ru$_{50}$-Kat. 7** bei Potentialen >0,35V eine gegenüber tensidstabilisierten Kolloid- und ETEK PtRu-Katalysatoren gesteigerte Aktivität (Abb. 5.16).

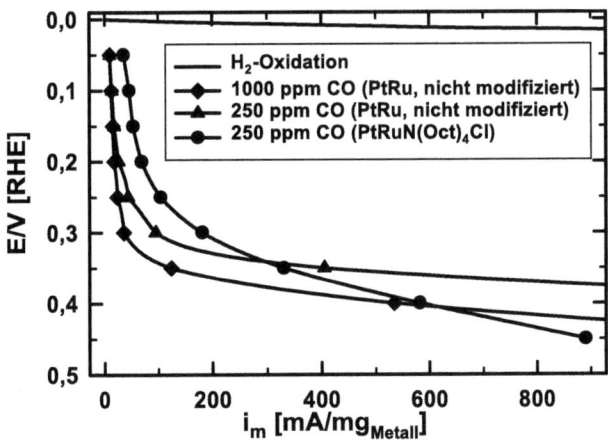

Abb. 5.16: CO/H_2-Oxidation an **$Pt_{50}Ru_{50}$-Kat. 7** und PtRu/Vulcan-Kolloidkatalysator

(N(Oct)$_4$Cl) bei 60°C

In der direkten Oxidation von 0,5M und 2,0M Methanollösungen sind PtRu-Kolloidkatalysatoren und der ETEK PtRu-Katalysator gleich aktiv. Für aluminiumorganisch präparierte Katalysatoren (**$Pt_{50}Ru_{50}$-Kat. 7, $Pt_{50}Ru_{50}$-Kat. 8**) ergibt sich bei der höherer Methanolkonzentration eine 1,5-3fach gesteigerte Aktivität im Potentialbereich von 0,4V bis 0,55V.

Bimetallische PdAu-Kolloide erhält man durch Koreduktion von Pd(II)-Acetat und Au(III)-Chlorid mit Tetraoctylammonium-triethylhydroborat. Sie sind nur vollständig legiert, wenn das Reduktionsmittel vorgelegt und eine Lösung der Metallsalze zugetropft wird. Variation der Edelmetallstöchiometrie führt zu unterschiedlichen Legierungszusammensetzungen. Legierungsbildung und Partikelgröße folgen aus der HRTEM/EDX-Analyse. Für das **$Pd_{50}Au_{50}$-Kolloid 13** wurde mittels Au[197]-Mößbauerspektroskopie eine homogene Legierungsbildung nachgewiesen.

$Pd_{80}Au_{20}$-Kolloid 11, $Pd_{70}Au_{30}$-Kolloid 12 und **$Pd_{50}Au_{50}$-Kolloid 13** lassen sich mit 20Gew.% Edelmetallbeladung an einem graphitisierten Ruß (Vulcan XC72) adsorbieren. Die Entfernung der Schutzhülle erfolgt durch oxidative, thermische Konditionierung bei 300°C. Geträgerte PdAu-Kolloide zeigen nach dieser Temperaturbehandlung ein erhebliches Partikelwachstum (bis zu 18nm). XRD-Messungen zeigen nach dem Konditionieren eine Segregation von Gold. Neben den Hauptreflexen treten kleine Nebenreflexe goldreicherer Phasen auf. Obwohl die PdAu-Kolloidkatalysatoren CO nicht oxidieren, zeigen sie bei sehr niedrigen Überpotentialen eine erstaunliche Aktivität für die H_2-Oxidation von CO verunreinigtem Wasserstoff. Die H_2-Oxidation an PdAu-Kolloiden wird nicht vollständig unterdrückt, da auf der Oberfläche ausreichend freie Plätze für die Oxidation des Wasserstoffs zur Verfügung stehen. Die Oxidation von H_2 mit 1000ppm CO an PdAu-Kolloidkatalysatoren bei 60°C zeigt eine deutlich gesteigerte Aktivität im Vergleich zu industriellen $Pt_{50}Ru_{50}$-Katalysatoren. Der **$Pd_{80}Au_{20}$-Kat. 13** ist der aktivste. Erhöhung der Temperatur um 20°C bewirkt eine Verdopplung der Aktivität. Elektrochemische Aktivitäts-Bestimmungen in H_2-Gasmischungen mit 250ppm CO bei 60°C belegen ebenfalls die außerordentliche Aktivität des **$Pd_{80}Au_{20}$-Kat. 13**. Bei einem Überpotential bis 0,2V stellte dieser platinfreie Katalysator das zur Zeit aktivste System dar. Die Aktivität des aktivsten, industriellen Systems (Pt_3Sn) wird bei niedrigen Überpotentialen übertroffen.

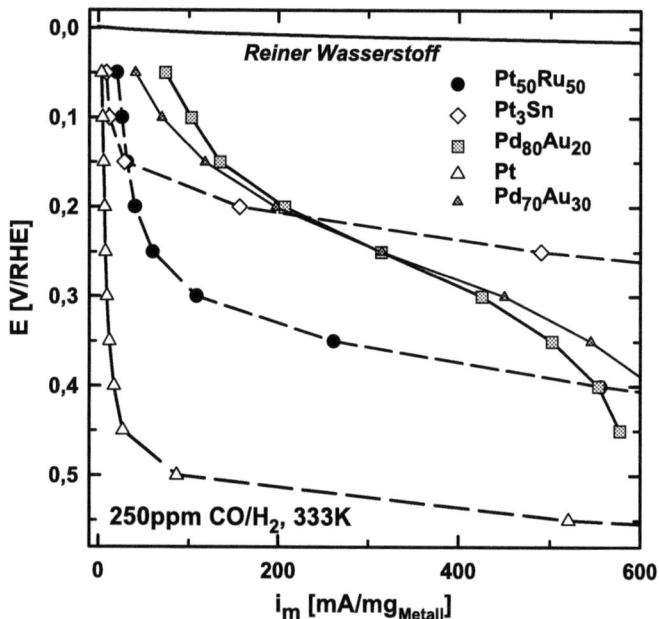

Abb. 6.18:   Oxidation von 250ppm CO in H_2 bei 60°C an dem **$Pd_{80}Au_{20}$-Kat. 13**, dem **$Pd_{70}Au_{30}$-Kat. 14** und den 20Gew.% ETEK-Pt-, Pt_3Sn-, $Pt_{50}Ru_{50}$/Vulcan-Kat.

III   Experimenteller Teil

1   Allgemeine Hinweise

Wenn nicht anders angegeben erfolgten alle Operationen unter Luftausschluß mit gereinigtem Argon (0,5-0,8ppm O_2). Bei den Versuchen mit Silber- und Goldverbindungen wurde zudem noch unter Lichtausschluß gearbeitet.

2   Chemikalien

2.1   Gase

Argon	0,5-0,8ppm O_2, Ringleitung MPI (Messer-Griesheim)
CO	Messer-Griesheim
O_2	99,5%, Messer-Griesheim
H_2	99,9%, Ringleitung MPI (Messer-Griesheim)

2.2   Flüssigkeiten

2.2.1   Lösungsmittel

THF	Trocknung über Mg-Anthracen, Destillation
Toluol	Trocknung über $NaAlEt_4$, Destillation
Pentan	Trocknung über $MgEt_2$, Destillation
Diethylether	Trocknung über Na/K-Legierung, Destillation
Ethanol	Trocknung über Mg, Destillation
Ethanol DAB 7	16h im Argonstrom unter Rückfluß erhitzt, Destillation
Methanol	Trocknung über CaO
Aceton	Trocknung über P_2O_5, Destillation
Wasser	vollentsalzt über Ionenaustauscher
d_8-THF	Trocknung über $NaAlEt_4$, Destillation
d_8-Toluol	Trocknung über $LiAlH_4$, Destillation

2.2.2   Reagenzien

Neodekansäure	technisches Produkt, Exxon Chemicals
$LiBEt_3H$ in THF	Synthese nach Literaturvorschrift [1]

N(Oct)$_4$[BEt$_3$H] in THF   Synthese nach Literaturvorschrift [1]

2.3   Feststoffe

Crotonsäure	Fluka
N(Oct)$_4$Br	Fluka
CB12	2-(Dimethyldodecylammonio)acetat, Fa. Witco
AgNO$_3$	EC Erdölchemie
PdCl$_2$	Sigma-Aldrich
AuCl$_3$	Sigma-Aldrich
Pd(OAc)$_2$	Sigma-Aldrich
SnCl$_2$	Alfa Products
PtCl$_2$	Merck-Schuchardt
Pt(acac)$_2$	Fluka
Ru(acac)$_3$	Degussa
RuCl$_3$	Sigma-Aldrich
Aktivkohle	Träger 101, Charge 514, Degussa, 24h bei 350°C im Vakuum getrocknet
SiO$_2$	Aerolyst 304 Degussa, Pyrolyseprodukt, 24h bei 350°C im Vakuum getrocknet
SiO$_2$	Silicagel Acros, 24h bei 350°C im Vakuum getrocknet
Vulkan XC72	Cabot, 24h bei 350°C im Vakuum getrocknet

3   Analytik

3.1   Elementaranalysen

Elementaranalysen wurden im mikroanalytischen Laboratorium Dornis und Kolbe, Mülheim a. d. Ruhr, durchgeführt.

3.2   Kernresonanzspektroskopie

200,1MHz ^{1}H- und 50,3MHz ^{13}C-NMR-Spektren wurden an einem Bruker *MC200* FT-Gerät aufgenommen. Chemische Verschiebungen sind in ppm angegeben. Als relativer Standard wurden d$_8$-THF oder d$_8$-Toluol zugesetzt.

3.3 IR-Spektroskopie

IR-Spektren wurden an einem Nicolet *7199*- bzw. Bruker *IFS 48*-FT-IR-Spektrometer aufgenommen. Die Proben wurden als KBr-Presslinge (Feststoffe) oder zwischen zwei KBr-Platten (Flüssigkeiten) vermessen.

3.4 UV/VIS-Spektroskopie

UV-VIS-Spektren wurden an einem *Cary 2300*-Spektrometer der Firma Varian angefertigt.

3.5 Gaschromatographie

Gaschromatographische Untersuchungen zur Analyse oder zur Bestimmung des Umsatzes bei Reaktionen wurden in der Abteilung für Chromatographie des MPI für Kohlenforschung in Mülheim/Ruhr durchgeführt:

3.6 Massenspektroskopie

Die Massenspektren wurden an einem Finnigan *MAT 95*-Spektrometer mit ESI-Ionenquelle (70eV Beschleunigungsspannung, 50°C Quellentemperatur, 5kV Beschleunigungsspannung, N_2-Schießgas mit p=2,5bar, Sprayspannung 3,7kV, Temperatur der Kapillare 250°C) aufgenommen.

3.7 Röntgendiffraktometrie (XRD)

Im ZSW in Ulm stand ein XRD der Firma Siemens Typ D500 zur Verfügung. Als Strahlungsquelle dient ein CuKα-Primärstrahl mit 1,54Å. Die Spektren sind $K\alpha_2$ korrigiert (1.54444Å), entsprechen also nur den Reflexen von $CuK\alpha_1$ (1.54056Å).

3.8 Transmissionselektronenmikroskopie (TEM)

TEM-Aufnahmen wurden im Max-Planck-Institut, Mülheim an der Ruhr, mit einem Hitachi HF 2000 bei 200kV aufgenommen, gekoppelt mit EDX-Analysatoren von EDAX. Weitere TEM-Aufnahmen wurden an einem Elmiskop 102 (100kV Beschleunigungsspannung) der Firma Siemens durchgeführt.

3.9 Röntgen-Photoelektronenspektroskopie (XPS)

Die XPS-Untersuchungen von Metallkolloiden auf einkristallinen Trägern sowie den Katalysatoren erfolgte an der Universität Ulm (Arbeitsgruppe Prof. Dr. J. Behm) mit einem Gerät der Fa. Fisons Instruments mit Halbkugelschalenanalysator und nicht-mono-chromatisierter Mg-Kα (1253,6eV) als Anregungsenergie (15kV und 300W Leistung) bei einer Paßenergie von 10eV bzw. 50eV.

3.10 Röntgenabsorptionsspektroskopie (XANES/EXAFS)

XANES- und EXAFS-Spektren wurden von Frau Dipl. Phys. G. Köhl (Arbeitsgruppe Prof. Dr. J. Hormes, Universität Bonn) an der Synchrotonquelle des Speicherrings ELSA der Universität Bonn angefertigt. Die Datensätze wurden mit einem Programm von Bertagnolli ausgewertet.

3.11 Chemisorptionsmessungen

Chemisorptionsmessungen erfolgten an einem Micromeritics ASAP 2010 chemisorption system Gerät.

3.12 Physisorptionsmessungen

Physisorptionsmessungen erfolgten an einem Micromeritics ASAP 2010 chemisorption system Gerät.

4 Darstellung von Reduktionsmitteln und Ausgangsprodukten

4.1 Darstellung von Alkalitriethylhydroboraten

Die Alkalihydroborate werden entsprechend einer Vorschrift von Köster und Mitarbeitern [2] in organischen Lösungsmitteln dargestellt:

In einem Dreihalskolben mit Rückflußkühler und Tropftrichter wird unter Argon das entsprechende Alkalihydrid (LiH, NaH, KH) in THF oder Toluol unter Rühren vorgelegt und erhitzt (THF: 40°C, Toluol: 70°C). Zu dieser Suspension wird BEt_3 im Verhältnis MH : BEt_3 = 1,1 : 1,0 zugetropft. 16h nachrühren und abkühlen auf Raumtemperatur ergibt eine farblose bis gelbe Alkalimetalltriethyl-hydroboratlösung. Anschließend wird über eine D4-Fritte von überschüssigem Alkalimetallhydrid abfiltriert. Die Ansatzgrößen wurden zwischen 0,5 und 1,5Mol gewählt. Die Konzentrationsbestimmung erfolgte durch eine Protolyse der jeweiligen Alkalimetalltriethyl-hydroboratlösung mit 1,0M Salzsäure.

4.2 Darstellung von Tetraalkylammoniumtriethylborat

Zu einer Lösung von 638,0g (1,16mol) $N(Oct)_4Br$ in 2000ml THF werden unter Rühren bei Raumtemperatur innerhalb von 2h 935ml einer 1,247M Lösung (1,16Mol) von $K[BEt_3H]$ in THF getropft. Dabei entsteht ein Niederschlag aus fein verteiltem KBr. Die Lösung wird 1h nachgerührt und danach unter -20°C kühl gelagert. Wenn der voluminöse Niederschlag sich abgesetzt hat, kann die überstehende klare Lösung abgehebert werden. Der Gehalt der Lösung wird erneut durch Protolyse mit 1,0M Salzsäure bestimmt. Die Lösung wird beim Versuchsansatz auf 0,2-0,5M eingestellt. Die Lösung des Reduktionsmittels in THF oder Toluol ist thermisch labil und wird deshalb bei -20°C aufbewahrt.

4.3   Darstellung von Silberoxyd

153g $AgNO_3$ werden in 450ml dest. H_2O gelöst und mit 36g NaOH in 300ml dest. H_2O gelöst versetzt. Das ausfallende AgOH wird Nitratfrei gewaschen (Nachweis mit Nitratstäbchen) und anschließend abfiltriert. Der feuchte Rückstand wird im Trockenofen für 3h getrocknet und anschließend bei 200°C zu Ag_2O umgewandelt.

4.4   Darstellung von Silberneodekanoat

In einem 1l Zweihalskolben mit Wasserabscheider werden 216g (1,25mol) Neodekansäure, 170g Cumol und 173g (1,4mol) frisch präpariertes Silberoxyd unter intensiven Rühren auf 80°C erhitzt. Diese Temperatur wird für etwa 3h gehalten bis sich annähernd die theoretisch mögliche Menge H_2O im Wasserabscheider gesammelt hat. Anschließend wird der Ansatz noch warm über eine mit Kieselgel gefüllte D4-Fritte filtriert, um Spuren von nicht umgesetzten Ag_2O zu entfernen. Die so erhaltene Lösung von Silberneodekanoat in Cumol wird an der Hochvakuumpumpe eingeengt bis in etwa 25% Silbergehalt erreicht werden.

4.5   Darstellung von Dimethylaluminiumacetylacetonat

30g (92,5mmol) Aluminiumtrisacetylacetonat werden inert in 100ml Toluol gelöst und unter Rühren mit 17,7ml (185mmol) Trimethylaluminium verdünnt mit 100ml Toluol versetzt. Die Zutropfzeit für die stark exotherme Reaktion beträgt ca. 2h. Anschließend wird das Reaktionsprodukt im HV bei 2,0mbar und 42°C destilliert. Das Destillat wird mit Trockeneis eingefroren, da es unter Raumtemperatur unter Alkylierung eines Carbonylkohlenstoffs des Acetylacetonats weiterreagiert

5   Darstellung der Kolloide

5.1   Platinkolloide

Pt-Kolloid 1

0,532g (2mmol) $PtCl_2$ werden unter Argon durch intensives Rühren in 200ml THF suspendiert. Anschließend werden 16ml (4mmol) einer 0,25M Lösung von $N(Oct)_4[BEt_3H]$ in THF innerhalb von 4 Stunden bei Raumtemperatur hinzugetropft. Die schwarze Reaktionslösung wird weitere 16h bei Raumtemperatur gerührt. Um überschüssiges Reduktionsmittel zu entfernen, werden 5ml Aceton zu der Lösung gegeben und weitere 30 Minuten gerührt. Ausgefallenes Metall wird über eine tarierte (um den Niederschlag auswiegen zu können) D4-Fritte abfiltriert. Die Kolloiddispersion wird im Vakuum von Lösungsmittel und BEt_3 befreit. Der Rückstand wird 16h im Vakuum bei Raumtemperatur getrocknet. Es resultiert ein schwarzer Feststoff, der sich in THF oder Toluol vollständig dispergieren läßt.

Elementaranalyse: 19,65% Pt

Pt-Kolloid 2

3,93g (10mmol) Pt(acac)$_2$ werden unter Argon durch intensives Rühren in 400ml Toluol gelöst. Anschließend werden 3,7ml (4mmol) Trimethylaluminium in 100ml Toluol gelöst innerhalb von 4 Stunden bei 60°C zugetropft. Die zuvor gelbe Lösung des Pt(acac)$_2$ in Toluol verfärbt sich dabei sofort schwarz. Nach 72h Reaktionszeit (es ist keine merkliche Gasentwicklung mehr zu verzeichnen) wird der Ansatz über eine P4-Fritte filtriert, um ausgefallenes Metallpulver zu entfernen. Danach werden alle flüchtigen Bestandteile im HV entfernt (60°C, 10^{-3}mbar). Das erhaltene schwarze Kolloidpulver ist in Toluol und THF redispergierbar.

Elementaranalyse: Pt 47,7%, Al 14,96%

TEM: 1,1 ± 0,4nm

Pt-Kolloid 3

Zu 1/10 des Kolloidansatzes von **Pt-Kolloid 2** gelöst in 100ml Toluol werden unter Rühren 0,5g Brij 35® gelöst in 50ml Toluol zugetropft. Zu Beginn ist eine starke Gasentwicklung sichtbar. Bei RT wird für 4h nachgerührt. Anschließend wird das Toluol bei 40°C im HV abdestilliert.

Elementaranalyse: Pt 36,9%, Al 11,8%

TEM: 1,2 ± 0,4nm

Pt-Kolloid 3a

Durchführung analog zu **Pt-Kolloid 3**

Ansatz: 1/10 des Kolloidansatzes von **Pt-Kolloid 2**

                    10ml Decanol

                    100ml Toluol

5.2   Silberkolloide

Ag-Kolloid 4

120g Silberneodekanoat 25Gew.% Ag werden unter Argon durch intensives Rühren in 1200ml THF suspendiert. Anschließend werden 900ml (262mmol) einer 0,291M Lösung von N(Oct)$_4$[BEt$_3$H] in THF innerhalb von 4 Stunden bei Raumtemperatur hinzugetropft. Die schwarze Reaktionslösung wird weitere 16h bei Raumtemperatur gerührt. Um überschüssiges

Reduktionsmittel zu entfernen, werden 10ml Aceton zu der Lösung gegeben und weitere 30 Minuten gerührt. Die Kolloiddispersion wird im Vakuum von Lösungsmittel und BEt_3 befreit. Der Rückstand wird 16h im Vakuum bei Raumtemperatur (bei erhöhter Temperatur steigt die Tendenz des Kolloids zu agglomerieren) getrocknet. Es resultiert ein schwarzer Feststoff, der sich in THF oder Toluol vollständig dispergieren läßt.

Dieses Rohkolloid wird vor dem Tränken durch redispergieren in 50ml Diethylether und Fällen mit 50ml Ethanol aufkonzentriert.

Partikeldurchmesser (TEM): 2-13nm

Ag-Kolloid 5

Durchführung analog **Ag-Kolloid 4**

Ansatz: 120g Silberneodekanoat (25,65% Ag)

                  900ml (0,26mol) $N(Oct)_4[BEt_3H]$ 0,291M

                  1200ml THF

Aufreinigung durch redispergieren in 50ml Diethylether und Fällen mit 500ml einer 1:1-Mischung von Ethanol und Methanol.

Partikeldurchmesser (TEM): 3-15nm

Ag-Kolloid 6

Durchführung analog **Ag-Kolloid 4**

Ansatz: 9g Silberneodekanoat (25,65% Ag)

                  96ml (20,2mmol) $N(Oct)_4[BEt_3H]$ 0,21M

                  300ml THF

Partikeldurchmesser (TEM): 2-20nm

5.3   Bimetallische Pt/Ru-Kolloide

$Pt_{50}Ru_{50}$-Kolloid 7

Durchführung analog **Pt-Kolloid 1**

Ansatz: 0,519g (2,5mmol) $RuCl_3$

                  0,665g (2,5mmol) $PtCl_2$

                  50ml (12,5mmol) $N(Oct)_4[BEt_3H]$ 0,25M

Partikeldurchmesser (TEM): $1,8 \pm 0,6$nm

Elementaranalyse: 11,07% Pt, 6,11% Ru

Pt$_{50}$Ru$_{50}$-Kolloid 8

Durchführung analog **Pt-Kolloid 2**

Ansatz: 1,572g (4mmol) Pt(acac)$_2$

                  1,592g (4mmol) Ru(acac)$_3$

                  2,3ml (29mmol) Al(CH$_3$)$_3$

                  100ml Toluol (abs.)

Partikeldurchmesser (TEM): 1,2 ± 0,3nm

Elementaranalyse: 24,84% Pt, 11,83% Ru, 12,42% Al

Pt$_{50}$Ru$_{50}$-Kolloid 9

Die Hälfte des obigen Kolloids wird in 300ml Toluol redispergiert und bei Raumtemperatur mit 4,0g Brij35 (Polyethylenglykoldodecylether) versetzt. Anschließend wird für 4h nachgerührt. Das Toluol wird im HV bei 40°C abdestilliert. Zurück bleibt ein schwarzer, schmieriger Feststoff der sich in Toluol, Alkoholen und Wasser redispergieren läßt.

Partikeldurchmesser (TEM): 1,4 ± 0,4nm

Elementaranalyse: 7,46% Pt, 3,41% Ru, 3,07% Al

5.4   Palladiumkolloid

Pd-Kolloid 10

0,708g (4mmol) PdCl$_2$ werden unter Argon durch intensives Rühren in 300ml THF suspendiert. Anschließend werden 32ml (8mmol) einer 0,25M Lösung von N(Oct)$_4$[BEt$_3$H] in THF innerhalb von 4 Stunden bei Raumtemperatur hinzugetropft. Die schwarze Reaktionslösung wird weitere 16h bei Raumtemperatur gerührt. Um überschüssiges Reduktionsmittel zu entfernen, werden 5ml Aceton zu der Lösung gegeben und weitere 30 Minuten gerührt. Ausgefallenes Metall wird über eine tarierte (um den Niederschlag auswiegen zu können) D4-Fritte abfiltriert. Die Kolloiddispersion wird im Vakuum von Lösungsmittel und BEt$_3$ befreit. Der Rückstand wird 16h im Vakuum bei Raumtemperatur getrocknet. Es resultiert ein schwarzer Feststoff, der sich in THF oder Toluol vollständig dispergieren läßt.

Partikeldurchmesser (TEM): 2,4 ± 1,2nm

Elementaranalyse: 7,25% Pd

UV: kolloidtypische, unstrukturiert abnehmende Bande

5.5   Bimetallische Pd/Au-Kolloide

Pd$_{80}$Au$_{20}$-Kolloid 11

0,786g (3,5mmol) Pd(OAc)$_2$ und 0,455mg (1,5mmol) AuCl$_3$ werden getrennt voneinander unter Argon durch intensives Rühren in jeweils 150ml THF unter Lichtausschluß suspendiert. Die Goldchloridlösung in THF wird nach ca. 30 min von ausgefallenem Gold über eine P4-Fritte befreit (ca. 0,9mmol Au sind in Lösung). Anschließend werden die beiden Lösungen miteinander gemischt und in 30,3ml (11,5mmol) einer 0,38M Lösung von N(Oct)$_4$[BEt$_3$H] in THF innerhalb von 2 Stunden bei Raumtemperatur hinzugetropft. Die schwarze Reaktionslösung wird weitere 16h bei Raumtemperatur gerührt. Um überschüssiges Reduktionsmittel zu entfernen, werden 5ml Aceton zu der Lösung gegeben und weitere 30 Minuten gerührt. Ausgefallenes Metall wird über eine tarierte (um den Niederschlag auswiegen zu können) D4-Fritte abfiltriert. Die Kolloiddispersion wird im Vakuum von Lösungsmittel und BEt$_3$ befreit. Der Rückstand wird 16h im Vakuum bei Raumtemperatur getrocknet. Es resultiert ein schwarzer Feststoff, der sich in THF oder Toluol vollständig dispergieren läßt.

Anschließend wird das Kolloid in 40ml Diethylether redispergiert und mit einer Mischung aus 300ml Ethanol und 30ml Methanol gefällt. Nach etwa 24h wird die klare überstehende Lösung abgetrennt und das ausgefallene Kolloid im HV getrocknet. Das so gereinigte Kolloid ist vollständig redispergierbar.

Partikeldurchmesser (TEM): 1,9 ± 0,5nm

Elementaranalyse: 26,54% Pd, 13,14% Au

Pd$_{70}$Au$_{30}$-Kolloid 12

Kolloidsynthese analog zu **Pd$_{80}$Au$_{20}$-Kolloid 11**

Ansatz: 0,787g (2,8mmol) Pd(OAc)$_2$

                   0,364g (1,2mmol) AuCl$_3$

                   36,8ml (9,2mmol) N(Oct)$_4$[BEt$_3$H] 0,25M in THF

                   300ml THF (abs.)

                   5ml Aceton (abs.)

Partikeldurchmesser (TEM): 2,75 ± 0,7nm

Elementaranalyse: 14,69% Pd, 11,08% Au

Pd$_{50}$Au$_{50}$-Kolloid 13

Kolloidsynthese analog zu **Pd$_{80}$Au$_{20}$-Kolloid 11**

Ansatz: 0,337g (1,5mmol) Pd(OAc)$_2$

                0,455 (1,5mmol) AuCl$_3$

                30ml (7,5mmol) N(Oct)$_4$[BEt$_3$H] 0,25M in THF

                300ml THF (abs.)

                5ml Aceton (abs.)

Partikeldurchmesser (TEM): 3,3 ± 0,9nm

Elementaranalyse: 24,04% Pd, 34,55% Au

Pd$_{80}$Au$_{20}$-Kolloid 14

Kolloidsynthese analog zu **Pd$_{80}$Au$_{20}$-Kolloid 11**

(statt N(Oct)$_4$[BEt$_3$H] wurde Li[BEt$_3$H] mit CB12 in THF vorgelegt)

Ansatz: 0,898g (4mmol) Pd(OAc)$_2$

                0,303g (1mmol) AuCl$_3$

                14ml (22mmol) Li[BEt$_3$H] 1,54M in THF

                2,71g (10mmol) CB12

                300ml THF (abs.)

                5ml Aceton (abs.)

Elementaranalyse: 6,18% Pd, 2,85% Au

Reinigung durch Ultrafiltration:

Das PdAu-Kolloid **Pd$_{80}$Au$_{20}$-Kolloid 14** wird in 100ml Wasser dispergiert und in eine Filtrationszelle (250ml) (Membran BM 200) überführt. Das Restvolumen der Zelle wird mit Wasser gefüllt. Anschließend filtriert man unter Rühren bei einem Druck von 1,5-2bar und mißt die Leitfähigkeit der farblosen Filtratfraktion. Nachdem 600ml Wasser eluiert sind, wird die Filtration durch Schließen der Druckleitung abgebrochen. Wenn sich der Druck in der Zelle abgebaut hat, wird das Hydrosol entnommen. Die Leitfähigkeit des Hydrosols beträgt 390μScm^{-1}. Nach Gefriertrocknung erhält man 800mg **Pd$_{80}$Au$_{20}$-Kolloid 14** als schwarzes Pulver. Das Kolloid ist mit schwarzer Farbe vollständig in Wasser dispergierbar. Der Metallgehalt beträgt 30,07wt%.

Elementaranalyse: 21,13% Pd, 8,94% Au

Partikeldurchmesser (TEM): 3,5 ± 0,6nm

6 Trägerfixierung der Edelmetallkolloide

6.1 Trägerfixierung von Hydrosolen (allgemeine Belegungsvorschrift 1)

Unter Argon werden 5g Trägermaterial in 100ml destillierten und entgasten Wasser im Ultraschallbad suspendiert. Unter heftigen Rühren wird, je nach Belegung, eine entsprechende Menge durch Ultrafiltration gereinigten Metallkolloids in destillierten Wasser dispergiert und langsam in die Suspension des Trägermaterials getropft. Nachdem alles zugetropft ist wird ca. 24h nachgerührt. Anschließend wird das Rühren eingestellt, das belegte Trägermaterial setzt sich ab und die überstehende klare Wasserphase wird abgehebert. Der Rückstand wird im HV bei 40°C für 24h getrocknet.

$Pd_{80}Au_{20}$-Kat. 11 (2Gew.% Metallbeladung)

Ansatz: 0,333g **$Pd_{80}Au_{20}$-Kolloid 14**

4,9g Träger, Aerolyst 304, Degussa

100ml H_2O, vollentsalzt

Durchführung: **allgemeine Belegungsvorschrift 1**

$Pd_{80}Au_{20}$ -Kat. 12 (2Gew.% Metallbeladung)

Ansatz: 0,067g **$Pd_{80}Au_{20}$-Kolloid 14**

0,98g Träger, Silicagel, Acros

40ml H_2O, vollentsalzt

Durchführung: **allgemeine Belegungsvorschrift 1**

6.2 Trägerfixierung von Organosolen (allgemeine Belegungsvorschrift 2)

5g Vulcan XC72 werden unter Argon in 100ml THF suspendiert. Unter heftigen Rühren wird, je nach Belegung, eine entsprechende Menge gereinigten Metallkolloids in THF dispergiert und langsam in die Suspension des Trägermaterials getropft. Nach Abschluß des Zutropfens wird ca. 24h nachgerührt. Das Lösemittel wird abdestilliert und der erhaltene Rückstand wird bei 40°C für 24h im HV getrocknet.

Pt-Kat. 1 (5Gew.% Metallbeladung)

Ansatz: 0,762g **Pt-Kolloid 1**

2,826g Träger, Aktivkohle 101, Degussa

100ml THF

Durchführung: **allgemeine Belegungsvorschrift 2**

Pt-Kat. 2 (6,25Gew.% Metallbeladung

Ansatz:	0,762g **Pt-Kolloid 1**
	2,238g Träger, Aktivkohle 101, Degussa
	100ml THF
Durchführung:	**allgemeine Belegungsvorschrift 2**

Ag-Kat. 3 (10Gew.% Metallbeladung)

Ansatz:	**Ag-Kolloid 4**
	110g Träger, Al_2O_3, EC Erdöl-Chemie
	320ml THF

Durchführung:

Das Kolloid wird in nach dem Aufreinigen getrocknet und mit 320ml THF redispergiert. In diese Kolloiddispersion werden die zuvor in VEW-Wasser gewaschenen und sorgfältig getrockneten Trägerpellets eingebracht und ca. 5min geschwenkt. Die überstehende Kolloidlösung wird abgehebert und der Kolloidkatalysator im Vakuum getrocknet. Dieses Tränken wird den getrockneten Katalysatorpellets wiederholt.

Ag-Kat. 4 (10Gew.% Metallbeladung)

Ansatz:	**Ag-Kolloid 5**
	110g Träger, Al_2O_3, EC Erdöl-Chemie
	320ml THF
Durchführung:	Analog zu **Ag-Kat. 3**

Ag-Kat. 5 (2Gew.% Metallbeladung)

Ansatz:	**Ag-Kolloid 6**
	110g Träger, Al_2O_3, EC Erdöl-Chemie
	100ml THF

Durchführung:

Analog zu **Ag-Kat. 3**. Allerdings werden die Pellets nur einmal in der Kolloiddispersion getränkt.

$Pt_{50}Ru_{50}$-Kat. 6 (20Gew.% Metallbeladung)

Ansatz:	5,069g **$Pt_{50}Ru_{50}$-Kolloid 7**
	3,588g Träger, Vulcan XC72, E-TEK
	300ml THF
Durchführung:	**allgemeine Belegungsvorschrift 2**

Pt$_{50}$Ru$_{50}$-Kat. 7 (20Gew.% Metallbeladung)

Ansatz:
1,090g **Pt$_{50}$Ru$_{50}$-Kolloid 8**

1,60g Träger, Vulcan XC72, E-TEK

200ml Toluol

Durchführung:
allgemeine Belegungsvorschrift 2

Pt$_{50}$Ru$_{50}$-Kat. 8 (20Gew.% Metallbeladung)

Ansatz:
3,68g **Pt$_{50}$Ru$_{50}$-Kolloid 9**

1,60g Träger, Vulcan XC72, E-TEK

100ml Toluol

Durchführung:
allgemeine Belegungsvorschrift 2

Pd-Kat. 9 (2Gew.% Metallbeladung)

Ansatz:
1,322g **Pd-Kolloid 10**

4,9g Träger, Silicagel, Degussa

100ml Toluol

Durchführung:
allgemeine Belegungsvorschrift 2

Pd$_{80}$Au$_{20}$-Kat. 10 (2Gew.% Metallbeladung)

Ansatz:
0,532g **Pd$_{80}$Au$_{20}$-Kolloid 11**

9,800g Träger, Silicagel, Acros

500ml THF

Durchführung:
allgemeine Belegungsvorschrift 2

Pd$_{80}$Au$_{20}$-Kat. 13 (20Gew.% Metallbeladung)

Ansatz:
0,500g **Pd$_{80}$Au$_{20}$-Kolloid 11**

0,800g Träger, Vulcan XC72, E-TEK

200ml THF

Durchführung:
allgemeine Belegungsvorschrift 2

Pd$_{70}$Au$_{30}$-Kat. 14 (20Gew.% Metallbeladung)

Ansatz:
3,220g **Pd$_{70}$Au$_{30}$-Kolloid 12**

2,400g Träger, Vulcan XC72, E-TEK

300ml THF

Durchführung:
allgemeine Belegungsvorschrift 2

Pd$_{50}$Au$_{50}$-Kat. 15 (20Gew.% Metallbeladung)

Ansatz: 0,683g **Pd$_{50}$Au$_{50}$-Kolloid 13**

                                         1,600g Träger, Vulcan XC72, E-TEK

                                         2000ml THF

Durchführung: **allgemeine Belegungsvorschrift 2**

7 CO-Chemisorption an Kolloidkatalysatoren

7.1 Probenvorbereitung

Der Katalysator wird auf der Analysenwaage auf 0,1mg genau in das Meßgefäß (U-Rohr), das unten mit Quarzwolle verschlossen ist, eingewogen. Es werden zwischen 30 und 200mg Katalysator eingewogen. Zum Abschluß wird noch etwas Quarzwolle auf den Katalysator gegeben, um ihn zu fixieren. Das engere Teilrohr wird mit einem Gummistopfen verschlossen. An der Degas-Vorrichtung der Chemisorptions-apparatur wird die Probe 16 h lang bei 150°C und 10^{-4} Pa entgast. Nach dieser Zeit wird auf RT abgekühlt und geprüft, ob die Probe noch ausgast. Wenn die Probe noch zu stark (>6.67 hPa) ausgast, wird nochmals einige Stunden evakuiert. Nach dieser Vorbehandlung wird das Gefäß mit Stickstoff gefüllt und die Probe gemessen.

7.2 Chemisorptionsmessung

Nachdem das Probengefäß an der Chemisorptionsapparatur angeschlossen wurde, wird das Gefäß zunächst einige Minuten evakuiert und auf Dichtigkeit geprüft. Danach wird folgendes Programm automatisch durchgeführt:

Schritt	Durchführung	Temperatur [°C]	Aufheizrate [°C/min]	Zeit [min]
1	Evakuieren	100	10	60
2	Evakuieren	50	10	30
3	Leak-Test	50	-	-
4	Spülen mit H$_2$	40	10	60
5	Evakuieren	90	10	120
6	Evakuieren	40	10	60
7	Leak-Test	40	-	-
8	CO-Chemisorption	35	10	-

Messparameter:

Meßgas:	CO (Reinheit: 99.997%)
Meßpunkte:	10, 25, 50, 100, 200 Torr
	(13,3, 33,3, 66,7, 133,3, 266,7hPa)
Leak-Test:	maximale Ausgasrate = 30µmHg/min (1,3Pa/min)
Evakuieren nach	
der Analyse:	30 min bei 35°C (308K)
Feindosierung im	
Niedrigdruckbereich:	0,100cm³/g
Verzögerung:	10s
relative Toleranz:	5,0%
absolute Toleranz:	5,000mmHg (6,67hPa)
Gleichgewichtsintervall:	15s

8   Katalyseversuche

8.1   Anfangsaktivität der Crotonsäurehydrierung

Die Aktivität von Pt-Katalysatoren wird mittels der in [4] beschriebenen Apparatur mit Crotonsäure als Substrat bestimmt. In den 100ml-Tropftrichter werden ca. 200mg Pt-Katalysator auf 0,1mg genau eingewogen. Der Tropftrichter wird auf die Apparatur gesetzt und die Luft durch mehrmaliges Evakuieren und Füllen mit Wasserstoff vollständig verdrängt. Der Katalysator wird mit 20ml Ethanol in den Reaktor gespült. 80ml ethanolische Crotonsäurelösung (Verwendung von unvergälltem Ethanol (DAB 7); c = 72,6g/l) werden in den Tropftrichter pipettiert und in die Hydrierapparatur eingefüllt. Mit 10ml Ethanol werden Crotonsäurereste aus dem Tropftrichter in den Reaktor gespült. Während des Beschickens der Apparatur wird ständig mit Wasserstoff gespült. Nach Druckausgleich wird der Weg zur quecksilbergedichteten 1-l-Präzisionsgasbürette geöffnet und mit 2000min⁻¹ gerührt. Während der Startphase der Hydrierung wird die Temperatur auf 25,0°C eingestellt. Der Wasserstoffverbrauch wird über einen Zeitraum von 6 Minuten registriert. Aus dem Nml-Verbrauch zwischen der 1. und der 6. Minute wird die Aktivität errechnet.

8.2   Selektivoxidation von Ethylen

Die verwendete, industrielle Testapparatur besteht aus einer Gasmischstation, einem Reaktor und einem angeschlossenen Gaschromatographen.

In der Gasmischstation werden Luft, Ethylen und Stickstoff zu einem konstanten Gasstrom von 42Nl/h vermischt. Der Gasstrom besteht aus 8% O_2 und 30% Ethen in N_2. Über ein Dosierventil kann zusätzlich ein mit Dichchlorethan gesättigter Stickstoffstrom zugeleitet werden. Dichlorethan wirkt als Aktivitätsinhibitor der Ethylenoxidation, erhöht aber die Selektivität zum Ethylenoxid.

Das Reaktionsrohr wird über einen Thermostaten auf Reaktionstemperatur (160-250°C) geheizt. Anschließend werden die Reaktionsprodukte in einem Kühler auf RT temperiert und Nebenprodukte sowie Verunreinigungen kondensiert. Über ein Ventil wird ein Gaschromatograph mit Reaktionsgas versorgt und die Gaszusammensetzung online analysiert.

Der ganze Prozeß wird in der Versuchsapparatur drucklos gefahren. Über Temperaturkontrolle und Inhibitorkonzentration wird eine Ethylenoxidkonzentration von etwa 2% im Produktgasstrom angestrebt. Für eine Katalysator-Füllung des Reaktionsrohres werden 170ml der getränkten Katalysatorformkörper benötigt.

8.3 Elektrokatalytische Aktivitätsmessungen für die kontinuierliche Oxidation von reinem CO und CO in H_2-reichen Gasen für das CO-stripping und die Wasserstoffoxidation

Die elektrokatalytischen Aktivitätsmessungen und die CO-stripping Experimente wurden im Arbeitskreis von Prof. Behm (Universität Ulm) durchgeführt.

Die elektrochemischen Messungen erfolgten mit einem konventionellen Dreielektrodensystem in 0.5M Schwefelsäure. Als Referenzelektrode diente eine gesättigte Kalomelelektrode. Die Gegenelektrode bestand aus einem etwa 1cm² großem Platinblech. Als Arbeitselektrode wurden für die geträgerten PtRu-, sowie die PdAu-Kolloidkatalysatoren ein Glaskohlenstoffzylinder (Sigradur G, 6mm Durchmesser, Hochtemperatur Werkstoffe GmbH) benutzt.

20µl einer Kolloiddispersion ($4 \cdot 10^{-4}$g/cm³) werden auf die Glaskohlenelektrode getropft, getrocknet und die Schutzhülle im Argonstrom entfernt. Die Glaskohlenscheibe mit einem Metallgehalt von $\approx$7µg/cm² wird in einem Reaktionsrohr zuerst in einer Atmosphäre von 10% O_2 in N_2 und anschließend in H_2 auf 300°C erwärmt. Nach dem Abkühlen auf Raumtemperatur wird der Glaskohlenstoffzylinder in eine rotierende Scheibenelektrode (RDE) eingebracht. Eine genaue Beschreibung der RDE ist in Literaturstelle [3] beschrieben.

8.4   Elektrokatalytische Aktivitätsmessungen für die direkte Oxidation von 0,5M und 2,0M Methanollösungen

Für die Methanoloxidation wurde das gleiche Elektrodensystem verwendet wie zuvor bei der Wasserstoffoxidation. Allerdings war die Beladung der Glaskohlenstoffelektrode mit Ededlmetallkatalysator doppelt so groß ($14\mu g/cm^2$). Die Entfernung der Schutzhülle entspricht wieder der obigen Vorschrift. Die so präparierte Elektrode wird in die Elektrochemische Zelle eingesetzt und mit Elektrolyt (0,5M Schwefelsäure) befüllt und mit der entsprechenden Menge Methanol bei einem Potential von 0,05V versetzt. Nach etwa 3min wurde das Potential in Schritten zwischen 0.4 und 0,55V eingestellt. Jedes Potential wurde dabei für 30min gehalten, bevor der Meßwert bestimmt wurde, um die Gleichgewichtseinstellung abzuwarten.

8.5   Totaloxidation von Ethylen

Die Aktivitätsmessungen erfolgen an einem Quarzglas-Rohrreaktor mit angeschlossenem IMR-MS (**I**onen-**M**olekül-**R**eaktions **M**assen-**S**pektrometer) als Analyseeinheit.

Der Rohrreaktor mit einem Innendurchmesser von 4mm wird über eine isolierte Heizbandwicklung mit angeschlossenem Regler temperiert. Auf der Höhe des Katalysatorbetts befinden sich Thermoelemente zur Temperaturkontrolle. Der Katalysator wird mittels zweier Schichten Quarzwolle im Reaktionsrohr fixiert. Das Katalysatorbett befindet sich an der heißesten Stelle des Reaktionsrohrs.

Die gasförmigen Edukte (Ethylen, O_2, N_2 (Inertgas zum Verdünnen)) werden über Durchflußmengenmesser dosiert, in der Zuleitung vor dem Reaktor gemischt und über das Katalysatorbett im Rohrreaktor geführt.

Über einen Bypass werden die Analysenmengen vom Produktgasstrom abgezogen. Dabei wird ein differentiell gepumpter Gaseinlaß verwendet, um das Hochvakuum des Massenspektrometers nicht zu zerstören.

Das IMR-MS verwendet zur Ionisierung eine Mischung aus Kr^+ und Xe^+, um eine weiche Ionisierung mit hohem Molekülionenanteil und wenig Fragmentierung zu erhalten.

Nach dem Einbringen des Katalysators in den Rohrreaktor und Fixierung durch Glaswolle findet die Katalysatorkonditionierung zur Entfernung der Schutzhülle statt. Dabei werden die zuvor im XPS festgelegten Bedingungen eingehalten. Der Katalysator wird im Inertgasstrom auf die Konditionierungstemperatur geheizt (300°C für die N(Oct)$_4$Cl-Schutzhülle und 350°C für die CB12-Schutzhülle). Nach dem Erreichen der Temperatur wird eine Mischung von 10% O_2 in N_2 für 60min über den Katalysator geleitet. Danach wird für etwa 10min mit Inertgas gespült, bevor der Katalysator in reinem H_2 für 30min reduziert wird. Der Gesamtfluß der jeweiligen Gase und Gasmischungen beträgt während der Konditionierung 20Nml/min.

Die Standardreaktionsbedingungen beinhalten eine Temperatur von 150°C und einen Gesamtfluß von 25Nml/min mit einer Gaszusammensetzung von 30% Ethylen, 5% O_2 und Rest N_2.

Die Messung der einzelnen Katalysatoren wurde bis zum Erreichen des Gleichgewichtszustandes durchgeführt.

[1]   a)   H. Bönnemann, R. Brinkmann, W. Brijoux, E. Dinjus, Th. Joussen, B. Korall, Angew. Chem. **103**, 1344 (1991)

      b)   H. Bönnemann, R. Brinkmann, W. Brijoux, E. Dinjus, R. Fretzen, Th. Joussen, B. Korall, B., J. Mol. Catal. **74,** 323 (1992)

      c)   H. Bönnemann, W. Brijoux, in Active Metals, [Hrsg. Fürstner, A.], VCH, Weinheim, 339 (1996)

[2]   R. Köster, Methoden Org. Chem. (Houben-Weyl), 4. Aufl. Vol. XIII 13b, 798

[3]   N.M. Markovic, H.A. Gasteiger, P.N. Ross Jr., J. Phys. Chem. **99**, 3411 (1995)

[4]   R. Fretzen, Dissertaion (RWTH Aachen), (1990)

IV   Anhang

1   Abkürzungen

Acac	Acetylacetonat
ads	adsorbiert
AFM	Atomic Force Microscopy
Ar	Argon
BET	Brunnauer-Emmet-Teller
CB12	2-(Dimethyldodecylammonio)-acetat
cps	counts per second
CV	Cyclovoltammogramm
DMFC	direct methanol fuel cell
EA	Elementaranalyse
EDX	Energy dispersive X-ray analysis
ee	enatiomeric excess
EO	Ethylenoxid
EXAFS	Extended X-ray absorption fluorescence spectroscopy
fcc	face centered cubic
GC	Gaschromatographie
Gl.	Gleichung
HOPG	Hochorientierter pyrolytisch erzeugter Graphit
HRTEM	Hochauflösende Transmissionselektronenmikroskopie
HV	Hochvakuum
IMFC	indirect methanol fuel cell
IR	Infrarot-Spektroscopy
Kat.	Katalysator
KP	Kritischer Punkt
M	molar, mol l^{-1}
MEA	membran electrode assembly
MPI	Max-Planck-Institut
NC-AFM	„non-contact" Atomic Force Microscopy
nm	Nanometer
NMR	nuclear magnetic resonance, Kernresonanz-Spektroskopie
PEMFC	polymer electrolyte membrane fuel cell
RDE	Rotating disk elektrode (rotierende Scheibenelektrode)
RHE	reversible hydrogen electrode (Standardwasserstoffelektrode)

RT	Raumtemperatur
s.	siehe
$scCO_2$	überkritisches CO_2
SCE	Standard Kalomel Elektrode
t	Zeit
T	Temperatur
TEM	Transmissionselektronenspektroskopie
THF	Tetrahydrofuran
UHV	Ultrahochvakuum (10^{-9}- 10^{-12}mbar)
UV	Ultraviolett
XANES	X-ray near edge spectroscopy
XPS	X-ray photoelectron spectroscopy
XRD	X-ray powder diffraction

2 Übersicht Edelmetallkolloide

Nr.	Metall	Stabilisator	Reduktions-Mittel	n(Metall)/n(Stabilisator)	Präp. s. Seite
1	Pt	$N(Oct)_4Cl$	$N(Oct)_4[BEt_3H]$/THF	1:2	153
2	Pt	$AlMe_2acac$	$AlMe_3$ in Toluol	-	154
3	Pt	$AlMe_2acac$/Brij	$AlMe_3$ in Toluol	-	154
3a	Pt	$AlMe_2acac$/	$AlMe_3$ in Toluol	-	154
4	Ag	$N(Oct)_4C_{10}H_{19}O_2$	$N(Oct)_4[BEt_3H]$/THF	1:1	155
5	Ag	$N(Oct)_4C_{10}H_{19}O_2$	$N(Oct)_4[BEt_3H]$/THF	1:1	155
6	Ag	$N(Oct)_4C_{10}H_{19}O_2$	$N(Oct)_4[BEt_3H]$/THF	1:1	155
7	PtRu	$N(Oct)_4Cl$	$N(Oct)_4[BEt_3H]$/THF	1:2,5	156
8	PtRu	$AlMe_2acac$	$AlMe_3$ in Toluol	-	156
9	PtRu	$AlBrij_2acac$	$AlMe_3$ in Toluol	-	156
10	Pd	$N(Oct)_4Cl$	$N(Oct)_4[BEt_3H]$/THF	1:2	157
11	PdAu	$N(Oct)_4Cl$	$Li[Bet_3H]$/THF	1:2	157
12	PdAu	$N(Oct)_4Cl$	$N(Oct)_4[BEt_3H]$/THF	1:2	158
13	PdAu	$N(Oct)_4Cl$	$N(Oct)_4[BEt_3H]$/THF	1:2,5	158
14	PdAu	CB12	$N(Oct)_4[BEt_3H]$/THF	1:2	159

3 Übersicht Kolloidkatalysatoren

Nummer	Katalysator	Präp. s. Seite
Pt-Kat. 1	5Gew.% Pt[N(Oct)$_4$Cl]/A-Kohle-Kat.	160
Pt-Kat. 2	6,25Gew.% Pt[N(Oct)$_4$Cl]/A-Kohle-Kat.	160
Ag-Kat. 3	10Gew.% Ag[N(Oct)$_4$C$_{10}$H$_{19}$O$_2$]/Al$_2$O$_3$-Kat.	161
Ag-Kat. 4	10Gew.% Ag[N(Oct)$_4$C$_{10}$H$_{19}$O$_2$]/Al$_2$O$_3$-Kat.	161
Ag-Kat. 5	2Gew.% Ag[N(Oct)$_4$C$_{10}$H$_{19}$O$_2$]/Al$_2$O$_3$-Kat.	161
Pt$_{50}$Ru$_{50}$-Kat. 6	20Gew.% Pt$_{50}$Ru$_{50}$[N(Oct)$_4$Cl]/Vulcan-Kat.	161
Pt$_{50}$Ru$_{50}$-Kat. 7	20Gew.% Pt$_{50}$Ru$_{50}$[AlMe$_2$acac]/Vulcan-Kat.	162
Pt$_{50}$Ru$_{50}$-Kat. 8	20Gew.% Pt$_{50}$Ru$_{50}$[AlMe$_2$acac]/Vulcan-Kat.	162
Pd-Kat. 9	2Gew.% Pd[N(Oct)$_4$Cl]/SiO$_2$-Kat.	162
Pd$_{80}$Au$_{20}$-Kat. 10	2Gew.% Pd$_{80}$Au$_{20}$[N(Oct)$_4$Cl]/SiO$_2$-Kat.	162
Pd$_{80}$Au$_{20}$-Kat. 11	2Gew.% Pd$_{80}$Au$_{20}$(CB12)/SiO$_2$-Kat.	160
Pd$_{80}$Au$_{20}$-Kat. 12	2Gew.% Pd$_{80}$Au$_{20}$(CB12)/SiO$_2$-Kat.	160
Pd$_{80}$Au$_{20}$-Kat. 13	20Gew.% Pd$_{80}$Au$_{20}$[N(Oct)$_4$Cl]/Vulcan-Kat.	162
Pd$_{70}$Au$_{30}$-Kat. 14	20Gew.% Pd$_{70}$Au$_{30}$[N(Oct)$_4$Cl]/Vulcan-Kat.	163
Pd$_{50}$Au$_{50}$-Kat. 15	20Gew.% Pd$_{50}$Au$_{50}$[N(Oct)$_4$Cl]/Vulcan-Kat.	163

Lebenslauf

23.01.1969	geboren als Sohn der Eheleute Hans und Helga Endruschat in Frankfurt am Main
1975-1979	Besuch der Gruneliusschule, Grundschule in Frankfurt
1976-1977	Besuch der deutschen Schule, Grundschule in Mogilew/Rußland
1979-1988	Besuch der Carl-Schurz-Schule, Gymnasium in Frankfurt
Sommer 1988	Abitur
9/1988-1/1991	Chemielaborantenausbildung bei Metallgesellschaft AG Frankfurt
Januar 1991	Prüfung zum Chemielaboranten
2/1991-10/1991	Anstellung als Chemielaborant bei Chemetall GmbH Frankfurt
SS 1991	Beginn des Chemiestudiums an der Johann Wolfgang Goethe-Universität Frankfurt
November 1993	Diplomvorprüfung im Fach Chemie
September 1995	Diplomhauptprüfung im Fach Chemie
9/1995-5/1996	Diplomarbeit bei Herrn Prof. Dr. Dr. h.c. H. Bock an der Johann Wolfgang Goethe-Universität, Frankfurt am Main, über das Thema „Kristallisation und Strukturbestimmung lipophil umhüllter Polycarbonsäure-Salze"
9/1995-12/1996	Betreuung des anorganischen Grundpraktikums an der Johann Wolfgang Goethe-Universität
Februar 1997	Beginn der vorliegenden Doktorarbeit bei Herrn Prof. Dr. H. Bönnemann am Max-Planck-Institut für Kohlenforschung, Mülheim an der Ruhr